FORSCHUNGSBERICHTE
DES WIRTSCHAFTS- UND VERKEHRSMINISTERIUMS
NORDRHEIN-WESTFALEN

Herausgegeben von Staatssekretär Prof. Leo Brandt

Nr. 223

Dr.-Ing. K. Alberti
Dr. phil. habil. F. Schwarz
Forschungslaboratorium des Bundesverbandes der Deutschen Kalkindustrie e. V., Köln

## Über das Problem Hartbrand - Weichbrand

Als Manuskript gedruckt

WESTDEUTSCHER VERLAG / KÖLN UND OPLADEN

1956

ISBN 978-3-663-03271-7          ISBN 978-3-663-04460-4 (eBook)
DOI 10.1007/978-3-663-04460-4

Forschungsberichte des Wirtschafts- und Verkehrsministeriums Nordrhein-Westfalen

## Gliederung

I. Vorwort . . . . . . . . . . . . . . . . . . . . . . . . . . . S. 5

II. Einleitung . . . . . . . . . . . . . . . . . . . . . . . . . S. 6

III. Versuchsprogramm . . . . . . . . . . . . . . . . . . . . . . S. 23

    1. Qualitatives Verfahren . . . . . . . . . . . . . . . . . . S. 25

    2. Quantitatives Verfahren . . . . . . . . . . . . . . . . . S. 26

IV. Versuchsdurchführung . . . . . . . . . . . . . . . . . . . . S. 27

    1. Qualitatives Verfahren . . . . . . . . . . . . . . . . . . S. 27

    2. Quantitatives Verfahren . . . . . . . . . . . . . . . . . S. 27

        a) Rohrofen . . . . . . . . . . . . . . . . . . . . . . . S. 28

        b) Tiegel-Methoden . . . . . . . . . . . . . . . . . . . S. 28

        c) Schalen-Methode . . . . . . . . . . . . . . . . . . . S. 30

V. Versuchsergebnisse (quantitatives Verfahren) . . . . . . . . S. 30

VI. Auswertung der Versuchsergebnisse . . . . . . . . . . . . . . S. 33

    1. Qualitativer Nachweis von Hartbrand-Weichbrand . . . . . S. 33

    2. Quantitativer Nachweis von Hartbrand-Weichbrand . . . . S. 35

VII. Zusammenfassung . . . . . . . . . . . . . . . . . . . . . . . S. 42

VIII. Literaturverzeichnis . . . . . . . . . . . . . . . . . . . . S. 43

**Forschungsberichte des Wirtschafts- und Verkehrsministeriums Nordrhein-Westfalen**

## I. Vorwort

Gleichlaufend mit den Rationalisierungsmaßnahmen in den Industriebetrieben, die Kalk verarbeiten, werden auch in zunehmendem Maße die Anforderungen an die verschiedenen Kalkerzeugnisse gesteigert. Bisher sind aber keine Untersuchungsverfahren festgelegt, die für eine Gütebeurteilung der Industriekalke dienen können. Es ist daher dringend erforderlich, daß Prüfmethoden entwickelt werden, die reproduzierbare Ergebnisse liefern.

Einige Industriezweige benötigen für ihre Produktionsprozesse gebrannten Kalk. Während jedoch z.B. die eine Industrie Wert darauf legt, einen völlig entsäuerten Kalk zu erhalten, verlangen andere Industrien einen gebrannten Kalk, der möglichst aktiv ist, d.h., der sich durch eine große chemische Reaktionsfähigkeit auszeichnet. Diese Eigenschaften des gebrannten Kalkes lassen sich durch die Brennbedingungen steuern. Die Erzeugnisse werden jeweils als Hartbrand und Weichbrand gekennzeichnet. Es besteht nun das dringende Erfordernis, ein Prüfverfahren zu entwickeln, das eine zahlenmäßige Beurteilung des Branntkalkes in dieser Hinsicht ermöglicht, da hieran praktisch alle Verbrauchergruppen interessiert sind.

Unsere bisherigen Vorstellungen, die Eigenschaften der Kalke durch ihren analytisch bestimmten Gehalt an $CaO$, $MgO$, $SiO_2$, $Al_2O_3$, $Fe_2O_3$ usw. kennzeichnen zu können, sind offenbar unzutreffend. Es zeigt sich immer wieder, daß bedeutsame Unterschiede zwischen verschiedenen Kalken z.B. in ihrem Reaktionsvermögen auftreten können, obwohl sie in ihren analytischen Werten weitgehend übereinstimmen.

Zur Klärung dieser Probleme sind daher die bisher eingesetzten Untersuchungsverfahren wenig geeignet. Ein in letzter Zeit ausgebauter Zweig der Wissenschaft, die Strukturchemie, hat nun gezeigt, daß die Unterschiede in der Reaktionsfähigkeit von hartgebranntem und weichgebranntem Kalk in der Grobstruktur der Branntkalke begründet sind, Weichbrand und Hartbrand daher als Bezeichnungen für den Packungsgrad der $CaO$-Kristalle aufzufassen sind. Demnach muß also der Anteil an reaktionsfähigem $CaO$ von der Korngröße des untersuchten Kalkes abhängen. D.h. eine Zerkleinerung des groben Kornes muß den Anteil an "reaktionsbereitem" $CaO$ erhöhen.

Das Ziel der vorliegenden Arbeit ist daher einmal ein Untersuchungsverfahren zur Unterscheidung von hartgebranntem und weichgebranntem Kalk zu entwickeln, dann aber zu untersuchen, ob durch eine Zerkleinerung des hartgebrannten Kalkes seine Reaktionsfähigkeit erhöht werden kann und auch hierfür ein Prüfverfahren zu entwickeln, das die eventuelle Steigerung der Reaktionsfähigkeit zahlenmäßig erfaßt.

## II. Einleitung

Der technische Branntkalk besteht zu seinem Großteil aus CaO, seine charakteristischen und einflußreichen Bestandteile zur analytischen Ergänzung auf 100 % sind außer $CO_2$ und MgO die hydraulisch wirksamen Stoffe $SiO_2$, $Al_2O_3$, $Fe_2O_3$. Diese Stoffe, deren Anwesenheit im Kalk von der geologischen Entstehung des Rohgesteins bedingt ist, beeinflussen maßgeblich die technologischen Vorgänge des Brennens und des Löschens, sowie das Verhalten der Kalkerzeugnisse.

Die chemisch reinste Form des natürlichen $CaCO_3$ ist der Isländische Doppelspat, dessen Raumgitter in den Abbildungen 1 und 2 dargestellt ist.

Wird der Doppelspat auf eine Temperatur von ca. 900 °C erhitzt, dann tritt eine thermische Dissoziation gemäß der Gleichung:

(1) $$CaCO_3 \longrightarrow CaO + CO_2$$

ein. Die durch diesen Entsäuerungsvorgang hervorgerufenen Veränderungen im Kristallgitter des Doppelspates gehen deutlich aus der Abbildung 3 hervor.

Abbildung 1
Raumgitter vom Kalkspat

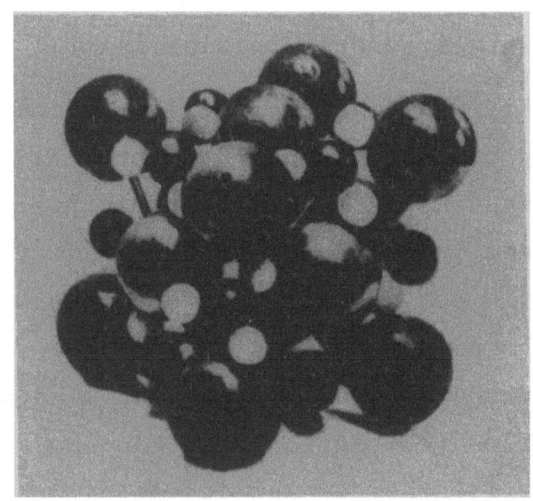
Abbildung 2
Kalkspat ($CaCO_3$) als Kugelpackung nach W.L. BRAGG

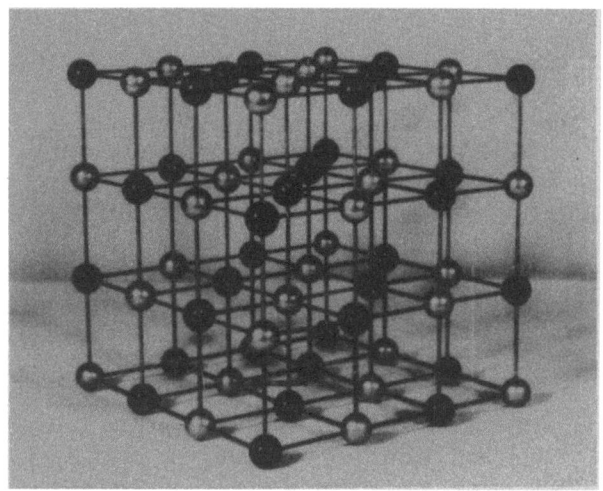

Abbildung 3
Veränderung des Kristallgitters
vom Kalkspat durch Entsäuerung

Das trigonal-holoedrische Karbonat wird zum kubisch-holoedrischen Oxyd, während $CO_2$ entweicht. Die Entsäuerung ist also mit einem Zerfall des alten und mit dem Aufbau eines neuen Gitters verbunden. Das CaO der Elementarzelle des $CaCO_3$ gelangt aus einer Anordnung R3c in eine Anordnung Fm3m[1].

Die Zerstörung der Anordnung $CaCO_3$ in CaO und $CO_2$ und die Umordnung des CaO aus dem trigonalen zum kubischen Verband bedarf einer bestimmten Wärmeenergie, die je 1 kg $CaCO_3$ 425 kcal beträgt.

Wird nun $CaCO_3$ über die Entsäuerungstemperatur von 900 °C, von welchem Punkt an die im CaO gebundene $CO_2$ den Atmosphärendruck übersteigt, erhitzt, dann tritt auch beim reinsten $CaCO_3$ eine Gefügeänderung ein. Wie physikalische und chemische Untersuchungen ergeben haben, geht das CaO von dieser Temperatur ab in ein immer dichter werdendes Gefüge über[2].

Diese Verdichtung ist mit einer Schwindung und sinkender Löschfähigkeit verbunden. Der Grad der Verdichtung hängt erheblich von der Dauer der einwirkenden Wärme ab. Gerade die Brenndauer ist es, die die so einfach scheinenden Begriffe "Hartbrand" und "Weichbrand" sehr verwirrt, dies umso mehr, wenn der allgemeine technische Fall eintritt, daß der zu brennende Kalkstein Nebenmineralien enthält, wie z.B. Hydraulefaktoren, Magnesiumkarbonat, Schwefelkies, Gips u.a.m., die alle den Brennvorgang des Kalksteines und das Verhalten des Branntkalkes selbst beeinflussen. Bei den

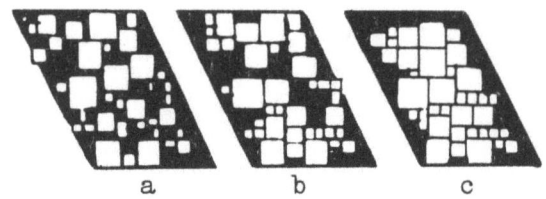

Abbildung 4

Gefüge von Kalk bei verschiedenen Brennstadien.
Der schwarze Untergrund stellt das ursprüngliche
Kalziumkarbonat dar, die weißen Quadrate Kristalleinheiten
von kubischem CaO.
a = milde gebrannter Kalk, b = hart gebrannter Kalk,
c = tot gebrannter Kalk

Hydraulefaktoren im Kalk dürfen FeO und $Fe_2O_3$ und in selteneren Fällen auch MnO, $Mn_2O_3$ nicht vergessen werden. Beide Elemente können im Kalkstein als isomorphe Karbonate in 2-wertiger Oxydform, als höherwertige Oxyde, als Hydroxyde oder in hydrosilikatischer Bindung vorkommen. Schließlich muß man sich noch die Frage vorlegen, welchen Einfluß eine oxydierende oder reduzierende Brandführung im Kalkbrennofen auf den Branntkalk bei einer bestimmten Temperatur ausübt.

Alle diese und andere Gegebenheiten sind auf den Vorgang des Kalkbrennens von Einfluß, und man kann ersehen, welche Anzahl von Ursachen die Erscheinung des "Hartbrandes" besitzt. Im Kalkwerk aber muß der "Hartbrand" als ein Ganzes, als eine Gesamterscheinung hingenommen werden, und deshalb sind als erste, allgemeine Eigenschaften Rohwichte, spez. Gewicht im Hinblick auf Porenverteilung und Teilchengröße an technischen hart- und weichgebrannten Kalken untersucht worden. Löschverhalten und Ergiebigkeit, als vor allem gefragte Eigenschaften eines technischen Branntkalkes, müsselbstverständlich in diese Betrachtungen einbezogen werden. Nach neuesten Erkenntnissen liegt der Schmelzpunkt des CaO bei 2850 °C. Diese Temperatur wird in keinem Kalkbrennofen erreicht. Im allgemeinen kann hier mit Temperaturen um 1200 °C gerechnet werden. Während man früher annahm, daß das CaO dimorph ist, wobei die β-Form weniger dicht und wahrscheinlich amorph ist, die α-Form dagegen regulär kristallisiert und der Umwandlungspunkt β CaO → α CaO bei 1280 °C liegen sollte, wird heute allgemein aufgrund struktureller Untersuchungsergebnisse angenommen, daß, wie schon oben erwähnt, bei über die Entsäuerungstemperatur von 900 °C ansteigenden Brenntemperaturen das CaO in eine immer dichter werdende Packung übergeht.

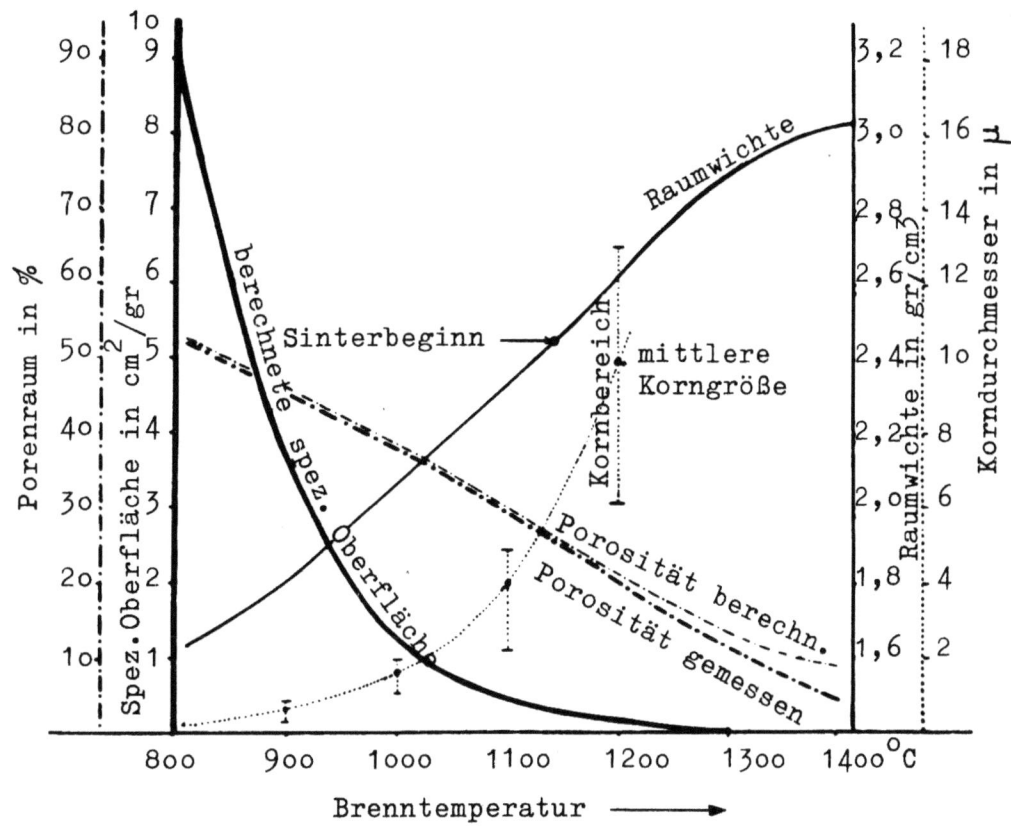

Abbildung 5

Abhängigkeit der spezifischen Oberfläche, der Porosität und der Raumwichte des CaO von der Brenntemperatur

WUHRER[3] beschäftigt sich sehr ausführlich mit dem Zustand des Branntkalkes und kommt dabei zu folgenden Ergebnissen:

Wird 1 cm³ dichter Kalkstein vom Gewicht 2,8 g bei 800 °C gebrannt, so verbleiben 1,57 g CaO. Bei niedrigerer Brenntemperatur ändert sich das Volumen des Stückchens nicht. 1,57 entspricht daher der Dichte des theoretisch günstigsten Weichbrandes. Mikroskopisch zeigt das gebrannte Stück keine Hohlräume, trotzdem $CO_2$ entwichen ist. Es müssen also nicht sichtbare Poren entstanden sein, und bei einem spez. Gewicht des CaO von 3,3 errechnet sich eine Porosität von 52,5 %.

Durch steigende Erwärmung nach der Entsäuerung geht diese lose Packung in eine dichtere Packung über, eine Vergröberung des Kornes tritt ein, das CaO wird dichter, Porosität und innere Oberfläche gehen zurück, schließlich entsteht der sogenannte "totgebrannte" Kalk. Diese Veränderung wird von WUHRER quantitativ nach der Brenntemperatur verfolgt, wobei er zu den in Abbildung 5 graphisch dargestellten Ergebnissen kommt.

Aus den Versuchsergebnissen geht deutlich hervor, daß das CaO bzw. der bei den Versuchen anfallende sehr reine Branntkalk bei jeder Brenntemperatur einem bestimmten Endwert der Raumwichte zustrebt. Während sich bei 800 °C der Zustand des theoretischen Weichbrandes überhaupt nicht ändert, tritt mit steigender Temperatur der Endwert immer früher ein. Von Wichtigkeit ist die Feststellung der bei etwa 1150 °C einsetzenden Sinterung. Bei 1400 °C stellt sich schon eine Rohwichte ein, die mit dem spez. Gewicht des CaO fast identisch ist (Rw = 3,1, spez. Gewicht = 3,3).

Das entsäuerte und bei 800 °C bis zu 40 Stunden geglühte CaO besaß durchwegs eine Korngröße von 0,3 $\mu$, wogegen bei 900°C und 10 Stunden Glühzeit schon eine Kornvergröberung auf 0,5 $\mu$ bis 0,7 $\mu$ eintritt. Weitere Vergröberung tritt auch nach längerer Glühzeit von 900°C nicht mehr ein.

Bei 1000 °C und 12 Stunden Glühzeit wächst das Korn auf 1 - 2 $\mu$, um diese Größe bei weiterem Glühen zu halten, bei 1100 °C wird die Endgröße von 2,5 $\mu$ erreicht.

Bei 1200 °C steigt die Korngröße nach 1 1/2 Stunden auf 3 - 5 $\mu$ und erreicht nach 10 Stunden 6 - 13 $\mu$. Dabei ist die Beobachtung von außerordentlich großer Wichtigkeit, daß mit zunehmender Glühzeit die punktuelle Berührung der Teilchen in eine flächenhafte übergeht, das Sintern der Teilchen setzt bei ca. 1150 °C ein. Die Mikroaufnahmen der behandelten Branntkalkproben zeigen mit steigender Temperatur und Glühzeit deutlich diesen charakteristischen Zustand.

Die Rohwichte des bei 1150 °C geglühten CaO betrug 2,45; da bei 1150 °C auch die ersten Sinterungserscheinungen eintreten, scheint dieser Wert zur Beurteilung zumindest des vorliegenden Kalkes sehr wichtig zu sein. WUHRER kommt zu der Folgerung:

"Der Wert 2,45 gilt natürlich nur für Kalk aus dichtem Kalkstein. Wird poröser Stein verwendet, dann liegt der kritische Wert der Rohwichte tiefer. Prinzipiell gelten jedoch die gleichen Zusammenhänge. Es ist daher ohne weiteres möglich, für jedes Kalksteinvorkommen diese "kritische Rohwichte" des Branntkalkes zu ermitteln und festzulegen."

Diese Ergebnisse lassen den Zusammenhang zwischen Rohwichte, Porosität und innerer spez. Oberfläche erwarten und deren Einfluß auf das Löschverhalten eines Kalkes beurteilen. Die Wiedergabe des Diagrammes (Abb. 5) zeigt diesen Zusammenhang an. Es ist daraus abzulesen, daß mit der Brenntemperatur

| steigen: | sinken: |
|---|---|
| Rohwichte | berechnete und gemessene Porosität |
| Korndurchmesser | berechnete spez. Oberfläche. |

Die berechnete Porosität umfaßt auch die geschlossenen Poren und zeigt daher nach dem Beginn des Sinterns einen Unterschied gegen die gemessene Porosität. Von Wichtigkeit ist der Hinweis des Verfassers auf die Unterschiede in den Werten der berechneten inneren spez. Oberfläche. Danach besitzt 1 g CaO (800 °C) 9 m$^2$, nach Beginn des Sinterns (1150 °C) 0,1 m$^2$. Damit ist die verschiedene Reaktionsfähigkeit der Kalke in Abhängigkeit von deren Brenngrad geklärt. Der Vergleich der spez. Oberfläche gibt auch Aufklärung darüber, weshalb die Extreme Sinterkalk und Weichbrand verschieden rasche Reaktionen zeigen. WUHRER vertritt den Standpunkt, daß der Unterschied in der Reaktionsfähigkeit physikalischer und nicht chemischer Art ist, weil eben Sinterkalk praktisch keine innere Oberfläche mehr besitzt, dagegen der Weichbrand durch eine sehr große innere spez. Oberfläche ausgezeichnet ist. Als Beweis hierfür sei die Steigerung der Reaktionsfähigkeit von Sinterkalk durch Mahlen anzusehen.

Den Einfluß des Brenngrades des Kalkes auf sein Löschverhalten untersucht WUHRER zunächst in der Abhängigkeit der Löschgeschwindigkeit von der Temperatur (Abb. 6 u. 7). In Abbildung 6 ist der Temperaturanstieg mit der Löschzeit verglichen, wenn die Ausgangstemperatur einen angegebenen Wert besitzt und immer derselbe Branntkalk von 0,5 - 0,7 µ Korngröße nach 10-stündigem Glühen bei 900 °C gelöscht wurde. Das Diagramm zeigt, daß bei höherer Ausgangstemperatur die Löschgeschwindigkeit zu- bzw. die Löschzeit abnimmt. Die Zunahme der Löschgeschwindigkeit mit dem Ansteigen der Löschtemperatur zeigt ein gesetzmäßiges Verhalten, so daß gemäß Abbildung 7 auch das Diagramm "n-fache Zunahme der Löschgeschwindigkeit und Löschtemperatur" entworfen werden kann (I = Einkorn 900 °C, 0,5 - 0,7, II = Ringofen-Weichbrand, III = gemahlener Sinterkalk).

Nach diesen Verhältnissen konnte die Wechselwirkung "Korngröße Löschgeschwindigkeit" im Experiment festgehalten und gedeutet werden.

Das Diagramm zeigt deutlich die Abhängigkeit der Löschgeschwindigkeit von der Korngröße (Abb. 8). WUHRER sagt schließlich:

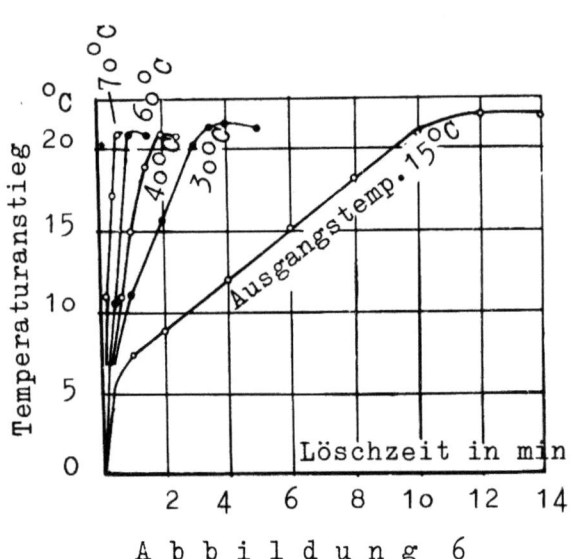

Abbildung 6
Beziehungen zwischen Löschzeit
und Temperaturanstieg

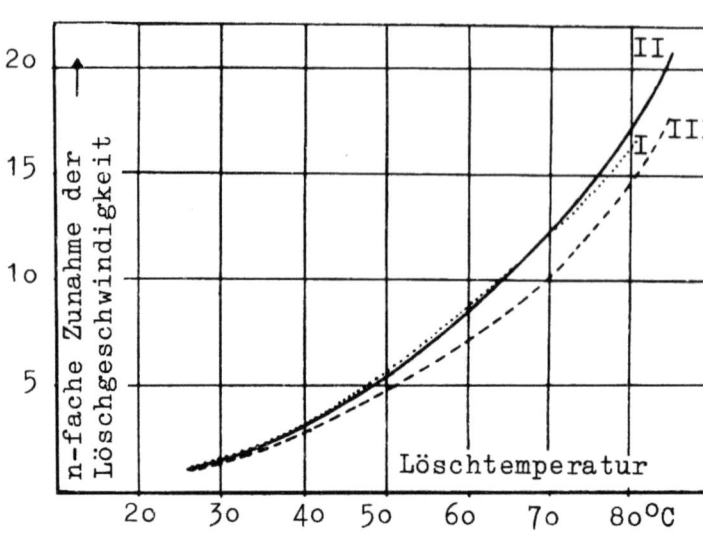

Abbildung 7
Abhängigkeit der Löschgeschwindigkeit
von der Löschtemperatur

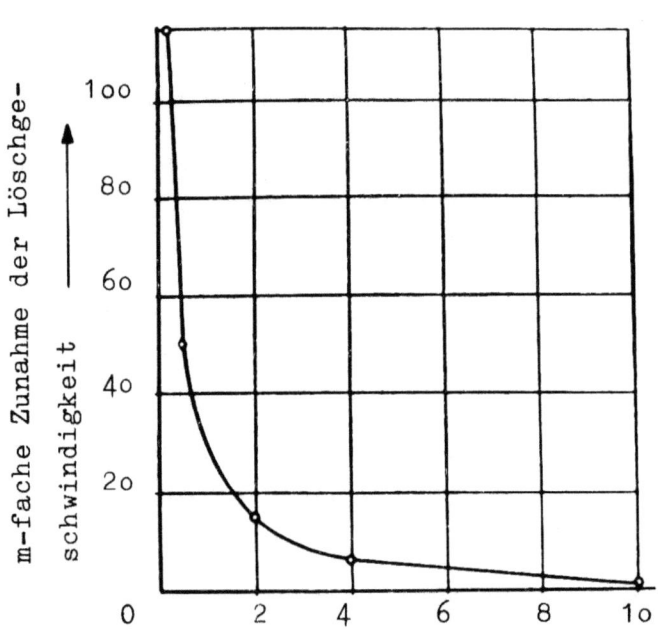

Abbildung 8
Abhängigkeit der Löschgeschwindigkeit
von der Korngröße des Branntkalkes

Tabelle 1

| Brenntemperatur °C | Brenndauer Std. | Korngröße |
|---|---|---|
| 800 | 4 | 0,3 |
| 900 | 8 | 0,5 |
| 1000 | 20 | 2,0 |
| 1100 | 40 | 4,0 |
| 1200 | 7 | 10,0 |

"Die Löschgeschwindigkeit von Branntkalk ist somit in erster Linie eine Funktion der spez. Oberfläche, wobei letztere aber außerdem den Temperaturanstieg und damit dessen Einfluß auf die Reaktionsfähigkeit bestimmt."

Die Ergiebigkeit, eine wesentliche Güteeigenschaft der Baukalke, wird in einer Arbeit von POHL[4] neben anderen Güteeigenschaften in Abhängigkeit von der Korngröße des Ausgangsstoffes Branntkalk untersucht. Es gelangten drei Branntkalke zur Untersuchung, deren chemische Zusammensetzung in Tabelle 2 angegeben ist.

Tabelle 2

| Bestandteil | Anteil in Gewichts - % | | |
|---|---|---|---|
| | Ringofenkalk | Schachtofen Kalk | Schachtofen-absiebkalk |
| Glühverlust | 2,60 | 4,23 | 1,80 |
| $CO_2$ | n.best. | 2,71 | n.best. |
| CaO | 91,34 | 87,93 | 85,94 |
| MgO | 1,59 | 2,42 | 1,81 |
| $SiO_2$ | 1,80 | 2,35 | 5,56 |
| $R_2O_3$ | 1,44 | 2,49 | 3,22 |
| $SO_3$ | 0,93 | 0,52 | 1,80 |

In Tabelle 3 sind die Ergiebigkeiten in Liter und einige andere Löschergebnisse dieser Branntkalke beim Ablöschen von 10 kg Kalk in Abhängigkeit von der Korngröße des Ausgangsmaterials zusammengestellt. In der

Tabelle sind die Ergebnisse von einem der angewandten Löschverfahren angegeben.

T a b e l l e  3

| Versuchskalk : Ringofenkalk | | | | | |
|---|---|---|---|---|---|
| Löschverfahren | Eirich | | | | |
| Korngrößen | mm | o - 8 | o - 3 | o - 1 | o,o9 |
| Ergiebigkeit | 1/1o kg | 37,4 | 36,6 | 4o,1 | 4o,5 |
| Löschwasser | % | 6o | 6o | 6o | 6o |
| Löschbeginn | Min. | 2 | 2 1/2 | 2 | 2 |
| Anteil o,o9 mm | % | 2,69 | 2,49 | 2,13 | o,2 |
| Versuchskalk : Schachtofenkalk 8 mm | | | | | |
| Korngrößen | mm | o - 8 | o - 3 | o - 1 | o,o9 |
| Ergiebigkeit | 1/1o kg | 26,95 | 36,o | 28,o | 32,2 |
| Löschwasser | % | 6o | 6o | 6o | 6o |
| Löschbeginn | Min. | 7 | 7 | 6 1/2 | 5 |
| Anteil o,o9 mm | % | 16,65 | 9,32 | 9,47 | o,21 |
| Versuchskalk : Schachtofen-Absiebkalk 8 mm | | | | | |
| Korngrößen | mm | o - 8 | o - 3 | o - 1 | o,o9 |
| Ergiebigkeit | 1/1o kg | 24,15 | 24,2 | 24,o5 | 28,1 |
| Löschwasser | % | 55 | 55 | 55 | 55 |
| Löschbeginn | Min. | 4 1/2 | 5 | 4 1/2 | 9 |
| Anteil o,o9 mm | % | 23,7 | 24,o | 2o,8 | o,57 |

In Abbildung 9 sind die Löschkurven der drei Branntkalke graphisch dargestellt.

Auch aus diesen Kurven ist das unterschiedliche Löschverhalten der Kalke zu ersehen, das auf die Verschiedenheit des physikalischen und auch des chemischen Zustandes der verwendeten Branntkalke zurückzuführen ist.

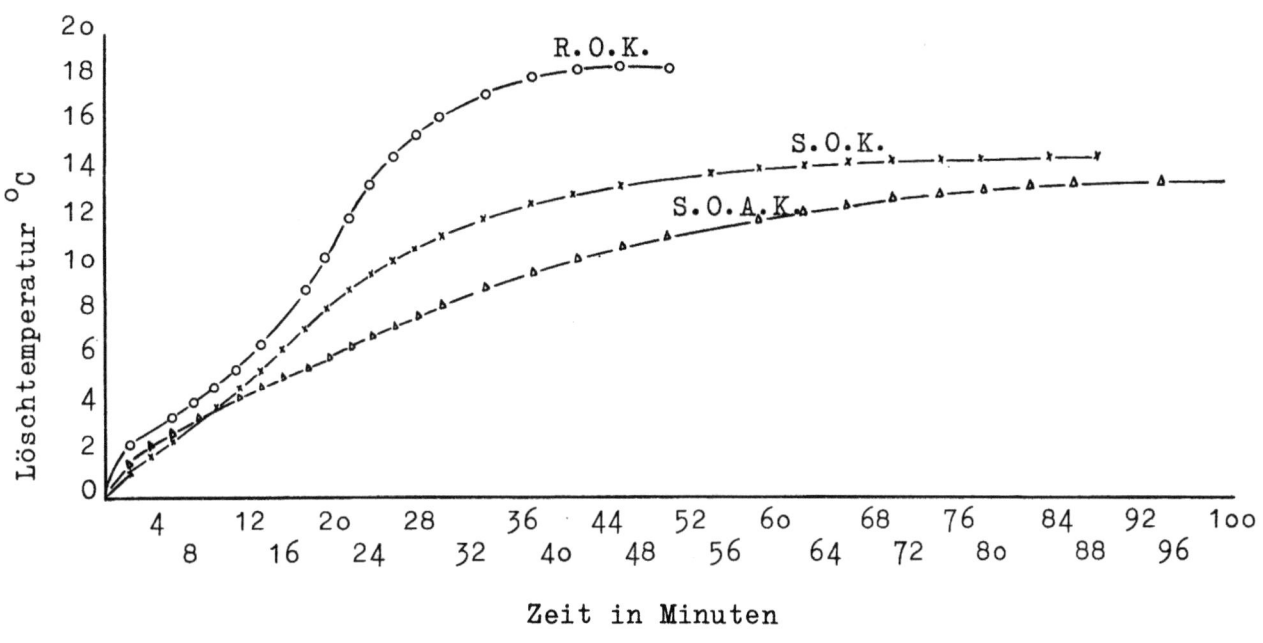

Abbildung 9
Ablöschtemperaturkurve der untersuchten Branntkalke

Aufgrund dieser Ergebnisse kommt POHL zu der Schlußfolgerung:
"Jede Vorzerkleinerung des zu löschenden Kalkes ist gut. Je weiter sie getrieben wird, umso besser für die Qualität des Baukalkhydrates."

In einer anderen Arbeit geht POHL ausführlich auf die beträchtlichen Unterschiede ein, die durch oxydierendes oder reduzierendes Brennen der Kalksteine auftreten. Interessant ist der Vergleich der ermittelten Versuchsergebnisse (Tabelle 4 und 5, Abb. 10, 11, 12, 13) mit den Ergebnissen der Arbeit WUHRER.

Tabelle 4

| Brenntemp. °C | Reinwichte g/cm³ | Rohwichte kg/l | Wasseraufnahme Vol.-% | Wasseraufnahme Gew.-% | Porosität Ges.-Poros. % |
|---|---|---|---|---|---|
| oxydierend | | | | | |
| 1300 | 3,252 | 2,125 | 33,43 | 15,17 | 34,66 |
| 1200 | 3,237 | 1,848 | 42,78 | 22,49 | 42,93 |
| 1100 | 3,319 | 1,651 | 50,19 | 30,40 | 50,26 |
| 1000 | 3,303 | 1,568 | 52,31 | 33,39 | 52,52 |
| 900 | 3,337 | 1,510 | 54,76 | 36,26 | 54,75 |

T a b e l l e  4  (Fortsetzung)

| Brenntemp. °C | Reinwichte g/cm³ | Rohwichte kg/l | Wasseraufnahme | | Porosität Ges.-Poros. % |
|---|---|---|---|---|---|
| | | | Vol.-% | Geb.-% | |
| oxydierend 3- und 6-fache Verweilzeit | | | | | |
| 1100 | 3,428 | 1,683 | 49,99 | 29,69 | 50,91 |
| 1100 | 3,393 | 1,864 | 45,43 | 24,85 | 45,49 |
| reduzierend | | | | | |
| 1100 | 3,405 | 1,780 | 45,81 | 26,02 | 47,56 |
| 1000 | 3,318 | 1,590 | 51,35 | 32,31 | 52,10 |
| 900 | 3,265 | 1,527 | 53,10 | 31,84 | 53,23 |

Wichtig sind die Hinweise des Verfassers auf den fein- und grobkristallinen Zustand des Branntkalkes, sowie auf die Verunreinigungen. In Tabelle 6, die mit Tabelle 5 zu vergleichen ist, stellt POHL die Verschiedenheit der Breilöschung gegen die Trockenlöschung heraus. Tatsächlich scheinen die Gesetzmäßigkeiten beider Löscharten verschieden (Tabelle 6).

Aus den Versuchsergebnissen dieser Arbeit ist, ebenso wie aus den Ergebnissen der Arbeit WUHRER, zu ersehen, daß mit steigender Brenntemperatur die Rohwichte des Branntkalkes zunimmt und die damit zusammenhängende Porosität sich verringert. Ebenso ist die Verlängerung der Brenndauer mit einer Verdichtung des Branntkalkes und damit mit einer Verringerung seiner Aktivität verbunden. Auch durch reduzierendes Brennen wird die Qualität des Branntkalkes vermindert, wie die Versuche ergeben haben.

Reduzierendes Brennen hellt die Farbe des Kalkes auf, da $Fe^{+++}$ zu $Fe^{++}$, $Mn^{++++}$ zu $Mn^{++}$ reduziert werden. Die zweiwertigen Oxydstufen beeinträchtigen den Weißgehalt des Kalkes nicht wie die höherwertigen Oxyde, die bei oxydierendem Feuer entstehen.

Von vielen in dieser Richtung durchgeführten Forschungsarbeiten sei die von HEDIN und THOREEN im Forschungsinstitut für Zement und Beton der Kgl. Techn. Hochschule Stockholm, durchgeführte Forschungsarbeit über "Untersuchungen über die strukturellen Änderungen von Kalzium-Karbonat" herausgegriffen. Ohne auf Einzelheiten einzugehen, seien die Abbildungen 14-17

Forschungsberichte des Wirtschafts- und Verkehrsministeriums Nordrhein-Westfalen

Tabelle 5

Breilöschung

| Nr. | Löschzeiten Beginn sec. | Löschzeiten Ende sec. | Ergiebigkeit 1/10 kg | Breigew. kg/l | Breigeschmeidigkeit Wasserrückhaltev.*) I % | II % | III % | Wasserbedarf**) Brei % | Trocken % | Farbe | Brei getrocknet Litergew. kg/l | Reinwichte | spez. Oberfl. Blaine cm²/g |
|---|---|---|---|---|---|---|---|---|---|---|---|---|---|
| | | | | | oxydierend | | | | | | | | |
| 1 | 210 | 540 | 34,0 | 1,23 | 95,9 | 95,3 | 8,0 | 57,0 | 123,2 | 92,5 | 0,299 | 2,259 | 18952 |
| 2 | 90 | 270 | 36,5 | 1,23 | 95,9 | 93,0 | 5,6 | 57,8 | 137,4 | 92,5 | 0,269 | 2,392 | 20325 |
| 3 | 45 | 210 | 38,0 | 1,15 | 95,9 | 92,6 | 5,2 | 59,0 | 144,2 | 93,0 | 0,239 | 2,265 | 23061 |
| 4 | 10 | 150 | 40,3 | 1,20 | 97,0 | 95,4 | 4,8 | 60,6 | 153,4 | 92,0 | 0,187 | 2,279 | 29761 |
| 5 | sofort | 120 | 35,9 | 1,21 | 96,0 | 97,8 | 4,8 | 62,7 | 157,2 | 89,0 | 0,266 | 2,357 | 34608 |
| | | | | | oxydierend 3- und 6-fache Verweilzeit | | | | | | | | |
| 6 | 45 | 270 | 35,0 | 1,22 | 92,9 | 85,5 | 3,0 | 59,7 | 147,0 | 93,0 | 0,218 | 2,445 | 24043 |
| 7 | 90 | 360 | 35,0 | 1,20 | 91,0 | 93,0 | 2,9 | 57,2 | 133,2 | 92,5 | 0,295 | 2,511 | 22837 |
| | | | | | reduzierend | | | | | | | | |
| 8 | 330 | 650 | 25,0 | 1,31 | 91,5 | 90,8 | 4,1 | 64,7 | 183,0 | 91,5 | 0,254 | 2,432 | 32815 |
| 9 | 45 | 210 | 34,0 | 1,21 | 95,9 | 92,9 | 4,6 | 61,9 | 162,3 | 93,0 | 0,287 | 2,343 | 35912 |
| 10 | 15 | 180 | 36,0 | 1,22 | 96,0 | 92,9 | 2,6 | 62,3 | 165,0 | 94,0 | 0,282 | 2,367 | 37065 |

*) I = Ausbreitmaß nach dem Absaugen : Ausbreitmaß vor dem Absaugen x 100
II = (Ausbreitmaß - Setzmaß nach dem Absaugen : Ausbreitmaß vor dem Absaugen) x 100
III = Wasserverlust nach dem Absaugen in cm²

**) = Wasserbedarf für Ausbreitmaß 18 cm nach DIN 1060 (neu). Brei = bezogen auf Brei.
Trocken = bezogen auf Trockensubstanz

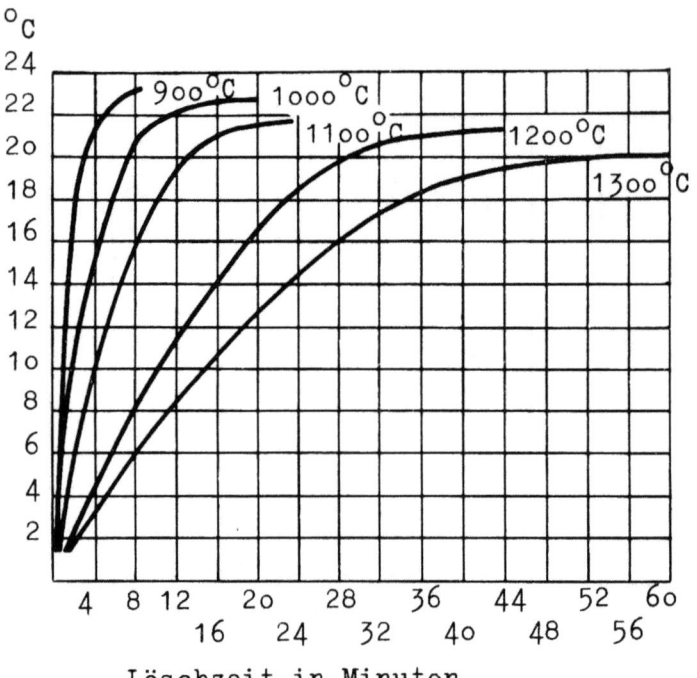

Abbildung 10

Löschkurven - Oxydierendes Feuer

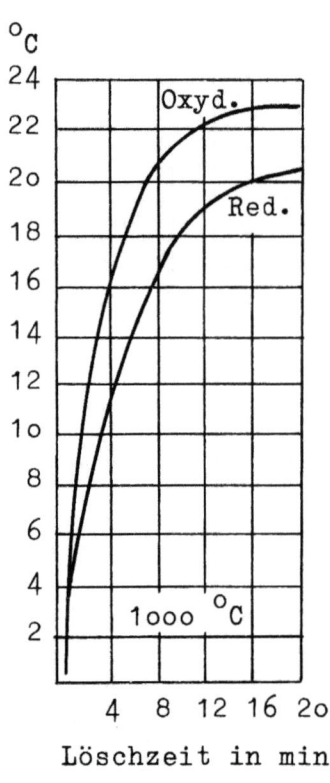 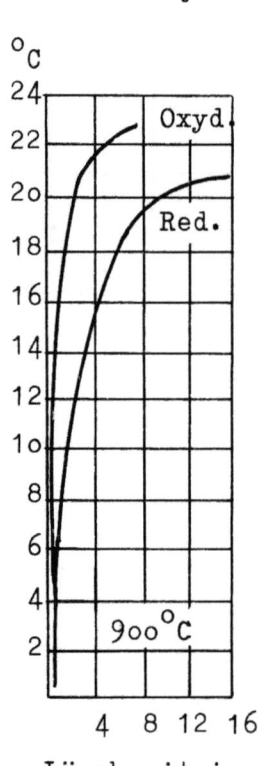 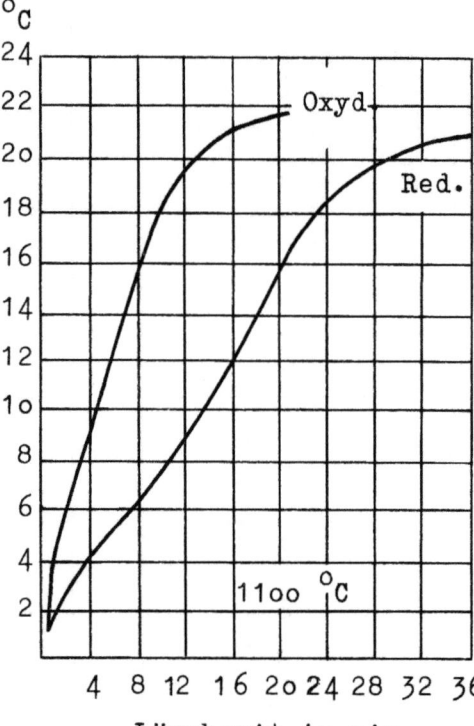

Abbildung 11

Löschkurven
Oxydierend u. reduzierend bei 900 °C gebrannter Kalk

Abbildung 12

Löschkurven
Oxydierend u. reduzierend bei 1000 °C gebrannter Kalk

Abbildung 13

Löschkurven
Oxydierend u. reduzierend bei 1100 °C gebrannter Kalk

Tabelle 6

Trocken - Löschen

| Nr. | Lösch-beginn sec. | Liter-gew. kg/l | Lösch-ausbeute 1/10 kg | Farbe | Rein-wichte | Spez. Oberfl. Blaine $cm^2/g$ | Wasser-bedarf % | Wasser-rückhalte-vermögen | | |
|---|---|---|---|---|---|---|---|---|---|---|
| | | | | | | | | I | II | III |
| oxydierend | | | | | | | | | | |
| 1 | 180 | 0,376 | 34,1 | 91,5 | 2,214 | 8537 | 84,0 | 82,3 | 66,6 | 6,0 |
| 2 | 60 | 0,343 | 38,8 | 91,0 | 2,196 | 12290 | 94,0 | 86,0 | 68,2 | 8,5 |
| 3 | 15 | 0,307 | 43,2 | 93,0 | 2,303 | 17333 | 102,0 | 94,0 | 88,0 | 2,7 |
| 4 | 10 | 0,327 | 40,5 | 91,5 | 2,275 | 22206 | 100,0 | 95,7 | 92,4 | 2,8 |
| 5 | sofort | 0,334 | 39,7 | 88,0 | 2,291 | 17201 | 98,0 | 96,0 | 93,0 | 5,6 |
| oxydierend 3- und 6fache Verweilzeit | | | | | | | | | | |
| 6 | 30 | 0,308 | 43,0 | 92,0 | 2,269 | 17709 | 126,0 | 93,3 | 89,0 | 3,9 |
| 7 | 50 | 0,296 | 44,5 | 92,5 | 2,418 | 13307 | 128,0 | 84,7 | 70,1 | 4,4 |
| reduzierend | | | | | | | | | | |
| 8 | 270 | 0,317 | 40,8 | 92,5 | 2,444 | 20990 | 109,0 | 90,0 | 79,3 | 3,5 |
| 9 | 30 | 0,355 | 36,2 | 92,5 | 2,370 | 20420 | 102,0 | 98,0 | 97,5 | 2,6 |
| 10 | sofort | 0,413 | 31,4 | 93,0 | 2,371 | 18324 | 97,0 | 97,8 | 97,5 | 2,7 |

wiedergegeben, aus denen die Erreichung eines stationären Zustandes des $CaCO_3$ bzw. CaO nach Temperatur und deren zeitlicher Einwirkung erscheint.

Aus dem Vergleich dieser Diagramme mit den oben angegebenen von POHL und WUHRER ergibt sich volle Übereinstimmung, insbesondere, wenn man die Abhängigkeit des Löschgrades von Brenngrad, Brennzeit und Korngröße betrachtet. In dieser Arbeit wird auch über Untersuchungen, die STANLEY und GREENFELD an der Techn. Hochschule Massachusetts über Messungen der spez. Oberfläche mit Hilfe der Stickstoff-Adsorption durchgeführt haben, berichtet.

Nach den amerikanischen Autoren wächst die Oberfläche einer Kalksteinprobe von 0,37 $m^2/g$ bei der Dissoziation auf 2,1 $m^2/g$. Milde gebrannter Kalk hatte Poren von ca. 30 Å, es traten aber auch Poren von 7 Å auf. Nach Brennen bei 1300 °C, 16 Stunden, übersteigt die spez. Oberfläche

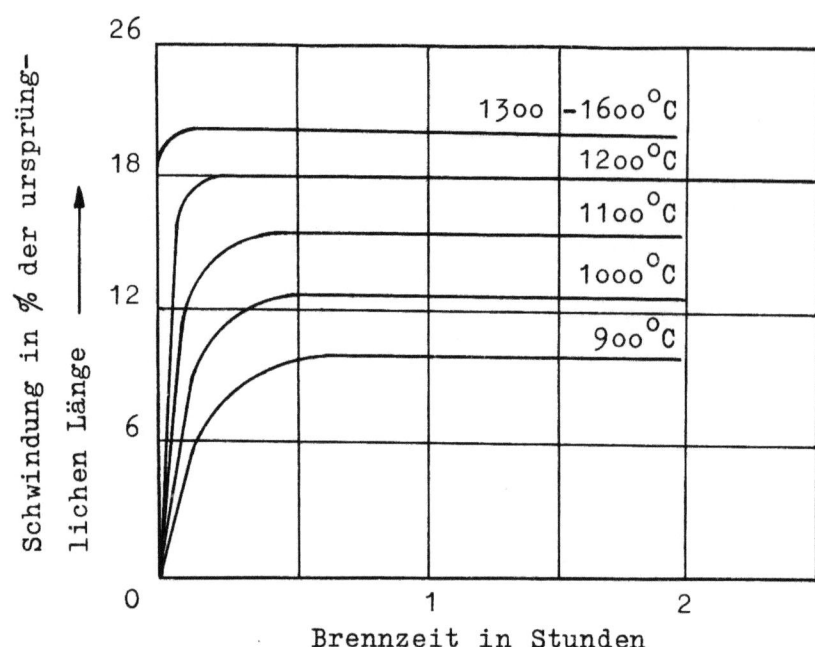

Abbildung 14

Äußere Schwindung bei Kalzit bei verschiedenen Brennzeiten und Temperaturen. Messungen wurden durchgeführt mit Kalzitkristalleinheiten (Seitenlänge etwa 1 mm)

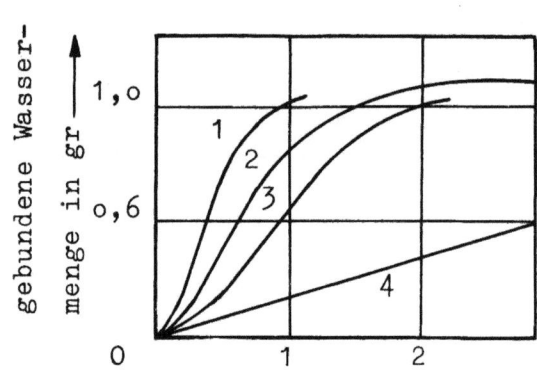

Abbildung 15

Abhängigkeit des Löschgrades vom Brenngrad. Messungen mit 4 g CaO, das aus gefälltem $CaCO_3$ erbrannt wurde.

1. bei 900 °C 5 Stunden lang
2. bei 1000 °C 18 Stunden lang
3. bei 1100 °C 18 Stunden lang
4. bei 1400 °C 3 Stunden lang

Löschen bei 60 °C mit $CO_2$-freier Luft von 90 % relativer Feuchtigkeit

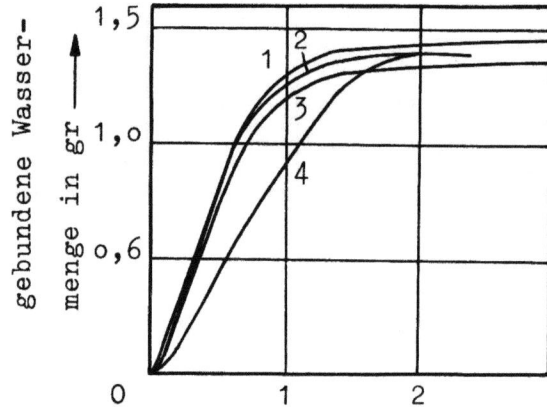

Abbildung 16

Abhängigkeit des Löschgrades von der Brennzeit. Messungen mit 6 g +) CaO aus gefälltem $CaCO_3$, erbrannt bei 1100°C und

1. 15 Minuten Brenndauer
2. 30 Minuten Brenndauer
3. 100 Minuten Brenndauer
4. 65 Stunden Brenndauer

Löschen bei 600°C mit $CO_2$-freier Luft von 90 % relativer Feuchtigkeit

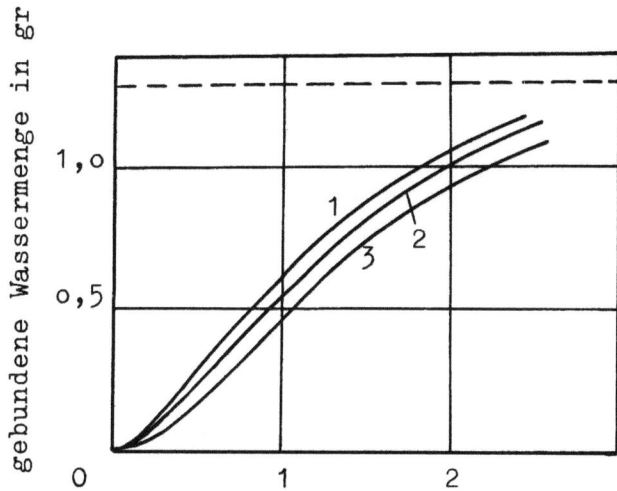

Abbildung 17

Untersuchungen über die Abhängigkeit des Löschgrades von der Korngröße, Messungen mit 4 g CaO aus gefälltem $CaCO_3$ bei 1100° und 20 Stunden Brenndauer erhalten.

1. CaO Siebdurchgang durch 10.000 MS
2. CaO Siebdurchgang durch 2.000 MS
   Rückgang auf dem 4.900 MS
3. CaO Rückstand auf dem 36 MS

Löschen bei 60 °C in $CO_2$-freier Luft von 90 % relativer Feuchtigkeit

nicht 0,15 m²/g, und die Porenanzahl war geringer als bei milde gebranntem Kalk. Der Porendurchmesser nach dem Hartbrennen lag nicht unter 45 Å. Die Längsschwindung ist 23,7 %, d.h. auf eine ursprüngliche Längeneinheit kommen nach Entsäuerung 76,3 % feste Oxydmasse. Die äußere Schwindung geben STANLEY und GREENFELD mit 5 % an, von diesen 95 % waren 76,3 % Oxyd und 18,7 Poren. Daraus errechnen sie die Kantenlänge der Kristalleinheit 900 Å (siehe Abb. 4). Es sei noch eine Untersuchung von CLARK, BRADLEY, AZBE erwähnt, die das Problem des Kalkbrennens mittels Röntgenstrahlen untersuchen[2].

Nach allgemeiner Einleitung über Feinbau und Größe der Elmentarzellen von CaO und MgO wird über das Brennen berichtet, wobei "sehr hohe Temperaturen dazu führen, daß ein Kalk schnell überbrannt wird, während eine Probe, die 12 Stunden lang bei 1000 °C behandelt wurde, keine Schrumpfung zeigte". An wiedergegebenen Debye-Diagrammen wird der Unterschied zwischen hart- und weich gebranntem CaO veranschaulicht. Kalke aus hochprozentigem Kalkstein erbrannt, geben im allgemeinen nur die CaO-Linien. Ein aus Gesteinsdolomit hergestelltes Brennerzeugnis gab nur die Linien CaO und MgO.

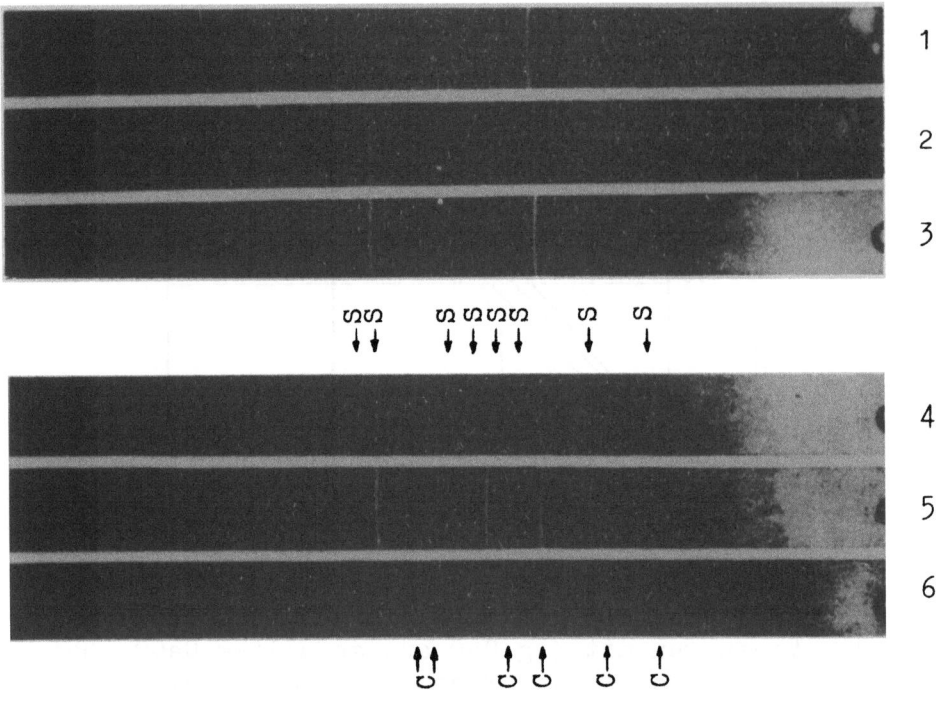

Abbildung 18

1. weich gebrannter hochkalziumhaltiger Kalk
2. hart gebrannter hochkalziumhaltiger Kalk
3. weich gebrannter Kalk im Labor hergestellt
4. Kruste von hart gebranntem hochkalziumhaltigem Kalk
5. mittelstark gebrannter Dolomit (die Linien, die sich zus. denen des Kalziums vorfinden, sind auf Magnesia zurückzuführen
6. zu schwach gebrannter Kern des Dolomits. Mit C bezeichnete Linien = $CaCO_3$, mit S bezeichnete = $CaSO_4$

Hartbrennen wirkt auf MgO viel schlimmer als auf CaO, die Löschfähigkeit des MgO sinkt viel stärker. Die Verfasser beschäftigen sich folgend mit den Eigenschaften der Hydrate, die aus verschiedenen Kalksteinen hergestellt wurden und führen deren Ergiebigkeit, Geschmeidigkeit usw. auf die Ausbildung der einzelnen feinbaulichen Hydratkristalle zurück, deren Ausbildung durch die Art des Brennvorganges, wie durch die Art des Löschvorganges bedingt ist.

Für die Frage Hartbrand-Weichbrand ergibt sich auch hier eindeutig, daß Hartbrand keine besondere Kristallart ist, daß er ebenso wie der Weichbrand dieselben Linien des Debye-Diagrammes zeigt, dies aber in verstärkter Klarheit, d.h. das Wachstum der Kristalle von CaO nimmt im Hartbrand zu, mithin sinkt die reaktionsfähige Oberfläche.

Wenn wir alle diese Ergebnisse der hier genannten Forschungsarbeiten zusammenfassen, so können wir sagen: Hartbrand ist keine kristallchemisch definierte Verbindung. Vielmehr bezeichnet das Wort "Hartbrand" lediglich die Ausbildung einer geringen spez. Oberfläche, die geringe Oberfläche reagiert schwächer als die große. Mit anderen Worten, der "Hartbrand" ist die Bezeichnung der Packungsdichte eines Branntkalkes, oder anders ausgedrückt, "Weichbrand" und "Hartbrand" bezeichnen graduell, nicht qualitativ, die Reaktionsfähigkeit der freien Gitteroberfläche des CaO.

Einen erheblichen Einfluß auf die Reaktionsfähigkeit eines Branntkalkes übt, wie schon oben erwähnt, die Anwesenheit von Fremdstoffen (Nebenmineralien, Akzessorien) im Ausgangsstoff Kalkstein aus. Dieses erklärt sich durch die Entstehung der binären und ternären Systeme, die in Tabelle 7 und Abbildung 19 wiedergegeben sind.

### Tabelle 7
### Schmelzpunkt verschiedener kalkhaltiger Oxydgemische

| Molekulare Zusammensetzung | Smp °C | SK |
|---|---|---|
| $CaO \cdot Al_2O_3 \cdot SiO$ | 1300 | 1o |
| $CaO \cdot Al_2O_3 \cdot 3\,SiO_2$ | 1200 | 6a |
| $3CaO \cdot Al_2O_3 \cdot 3SiO_2$ | 1250 | 8 |
| $CaO \cdot FeO \cdot 2SiO_2$ | 1140 | 3a |
| $3CaO \cdot Fe_2O_3 \cdot 3SiO_2$ | 1120 | 2a |
| $CaO \cdot MnO \cdot 2SiO_2$ | 1319 | 11 |
| $CaO \cdot BaO \cdot 2SiO_2$ | 1000 | o5a |
| $CaO \cdot 0,6Na_2O \cdot 1,5SiO_2$ | 1175 | 5a |
| $CaO \cdot 3,8Na_2O \cdot 0,4SiO_2$ | 932 | o8a |

Die damit wiedergegebenen Verhältnisse zeigen, welche Vielzahl von Eutektika und Verbindungen aus $CaO$, $Al_2O_3$, $SiO_2$, $Fe_2O_3$ usw. hervorgehen kann. die alle auf die Aktivität eines Branntkalkes von Einfluß sind.

### III. Versuchsprogramm

Die Methoden zur Bestimmung des Hartbrandes oder besser zur Bestimmung hartgebrannter Anteile im Branntkalk müssen nach den obigen Darlegungen

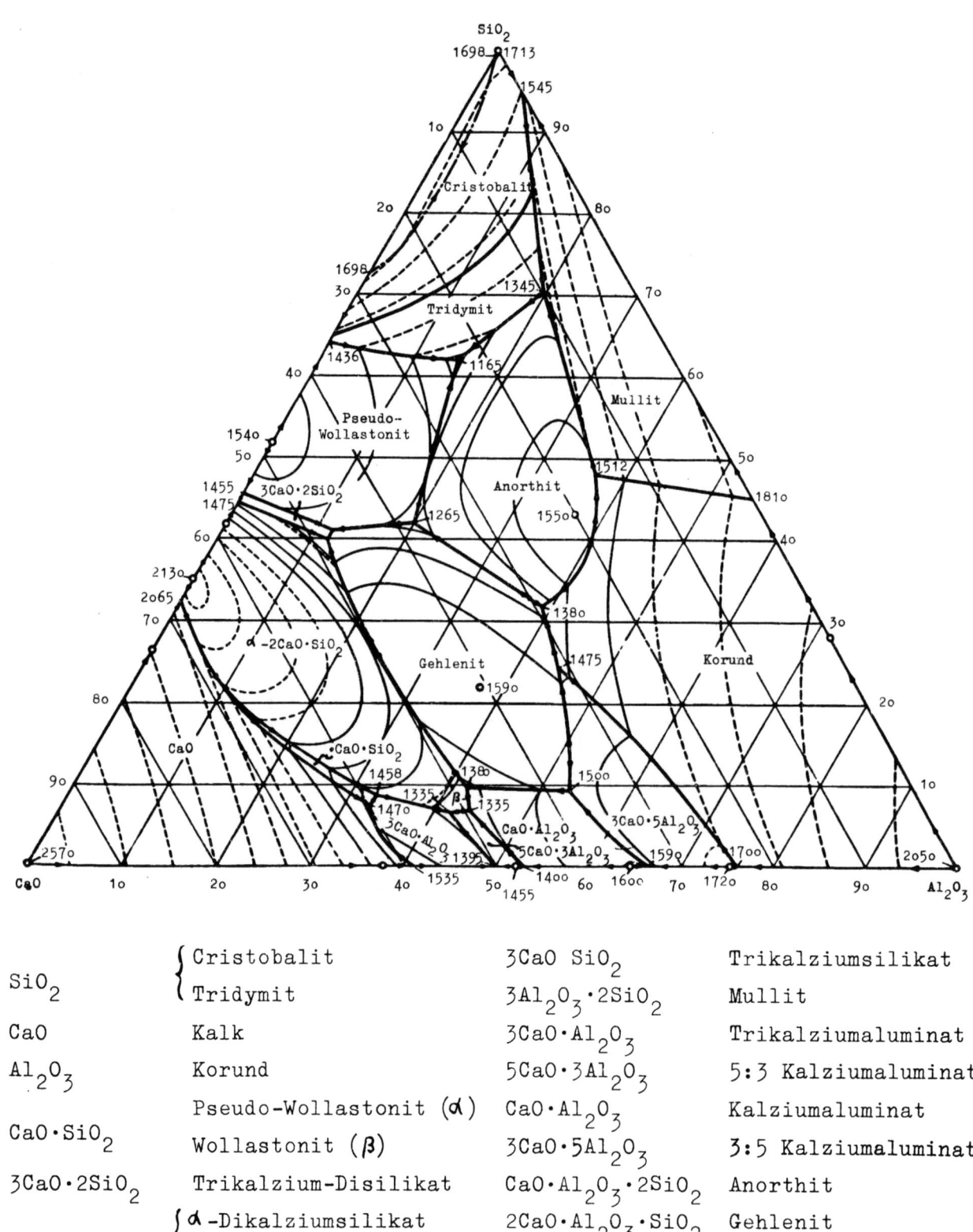

| | | | |
|---|---|---|---|
| SiO$_2$ | { Cristobalit | 3CaO SiO$_2$ | Trikalziumsilikat |
| | Tridymit | 3Al$_2$O$_3$·2SiO$_2$ | Mullit |
| CaO | Kalk | 3CaO·Al$_2$O$_3$ | Trikalziumaluminat |
| Al$_2$O$_3$ | Korund | 5CaO·3Al$_2$O$_3$ | 5:3 Kalziumaluminat |
| | Pseudo-Wollastonit (α) | CaO·Al$_2$O$_3$ | Kalziumaluminat |
| CaO·SiO$_2$ | Wollastonit (β) | 3CaO·5Al$_2$O$_3$ | 3:5 Kalziumaluminat |
| 3CaO·2SiO$_2$ | Trikalzium-Disilikat | CaO·Al$_2$O$_3$·2SiO$_2$ | Anorthit |
| | { α-Dikalziumsilikat | 2CaO·Al$_2$O$_3$·SiO$_2$ | Gehlenit |
| 2CaO·SiO$_2$ | β-Dikalziumsilikat | | |

A b b i l d u n g   19

Dreistoffsystem Kieselsäure-Kalk-Tonerde

**Forschungsberichte des Wirtschafts- und Verkehrsministeriums Nordrhein-Westfalen**

physikalischer Natur sein. Oder, eine chemische Reaktion, die sich zur Bestimmung von Hartbrand eignet, muß sich zwanglos auf die Packungsdichte des CaO zurückführen lassen. Die Methode soll einen graduellen Unterschied anzeigen oder zahlenmäßig erfassen, sie soll also in weiterem Sinne qualitative oder quantitative Aussagen geben.

## 1. Qualitatives Verfahren

Eine Methode, hartgebrannte Bestandteile im Branntkalk qualitativ nachzuweisen, wurde erstmalig von STEINHOFF und HARTMANN gegeben[6]. Dabei wird mit Methylenblau oder Anthrapurpurin in methylalkoholischer Lösung gearbeitet. Die Verfasser haben ihre Arbeit vor allem auf Kalk in Silika-Steinen ausgerichtet und der Anfärbung die kapillaren Erscheinungen der mehr-minder dichten Oberfläche von Hartbrand-Weichbrand-CaO unterlegt. Löschfähiger Weichbrand färbt an, nicht löschfähiger Hartbrand nicht. Die qualitative Bestimmung von Hartbrand-Weichbrand-MgO wird von SCHWARZ[7] aufgrund der Reaktion des verschieden hochgebrannten MgO mit Chinalizarin durchgeführt; die Unterscheidung von schwach gebranntem MgO gegen schwach gebranntes CaO gelingt durch Anfärben des gemischten Kornes mit der Indikatorlösung Thymolphthalin bei Pufferung durch Ammonzitrat[8]. Die Rohgesteine insbesondere Kalk, Dolomit, Magnesit verraten sich durch den Grad ihrer Angreifbarkeit durch eine Säure, z.B. Zitronensäure, unter Zugabe eines Indikators (alizarinsulfosaures Natrium). Die Voraussetzungen der Unterscheidung Hartbrand-Weichbrand-CaO sind folgende:

Hartbrand und Weichbrand löschen mit verschiedener Geschwindigkeit in Wasser ab. D.h., die in der Zeiteinheit freiwerdende Ionenzahl $Ca^{++}$ ist verschieden groß. Die Ionenzahl $Ca^{++}$ wieder bestimmt das Konzentrationsverhältnis $H^+$, bzw. $H_3O$ zu $OH^-$, dessen geläufiger Maßstab im $p_H$ gegeben ist; das $p_H$ aber kann mit Hilfe eines Säure-Basen-Indikators abgelesen werden. Da solche Indikatoren in wässriger Umgebung bei Anwesenheit von löslichem und gleichzeitig von quellendem Kalk allzu empfindlich anzeigen, mußte eine Indikatorlösung gefunden werden, die das Wasser weitgehend abstößt und die das Freiwerden von $Ca^{++}$, mithin von $OH^-$, beträchtlich drückt. Richtungweisend waren die grundlegenden Arbeiten von NERNST, THOMSON und von WALDEN[9]. Danach ist die Dissoziationskonstante proportional der Dielektrizitätskonsten des Lösungsmittels

$$\sqrt[3]{\frac{\text{Diel.-Konstante}}{\text{Lineare Diss.-Konstante}}} = C$$

Für unseren Fall ausgedrückt muß das Lösungsmittel des CaO eine gegen Wasser sehr ermäßigte Dielektrizitätskonstante besitzen, um ein beobachtbares Verhältnis der Ionenkonzentrationen zwischen dem Indikatorfarbstoff einerseits und dem hart- oder weichgebrannten Kalk andererseits zu geben.

## 2. Quantitatives Verfahren

Zur Beurteilung eines Branntkalkes sind seit langem kalorimetrische Messungen im Gebrauch, die auf Messung der Wärmetönung aus der Gleichung

$$CaO + H_2O = Ca(OH)_2 + 15,5 \text{ kcal}$$

beruhen. Die 15,5 kcal treten bei Bildung des Hydrates in molarer Menge auf, gemessen wird die Zeit, in der diese Wärmemenge frei wird. Daraus sind Rückschlüsse auf das Verhalten eines bestimmten Branntkalkes beim Löschen möglich. Es lag daher nahe, die kalorimetrische Wertbestimmung von CaO in der Frage Hartbrand-Weichbrand anzuwenden. Es wurden einige Versuche mit dem Flüssigkeitskalorimeter nach SCHOTTKY durchgeführt, dabei wurde jedoch festgestellt, daß infolge der auftretenden geringfügigen Wärmetönung eine einwandfreie Unterscheidung zwischen Weich- und Hartbrand nicht möglich war. Es soll jedoch versucht werden, ob mit einem adiabatischen Kalorimeter nach SCHWIETE bessere Ergebnisse erzielt werden können.

Es lag ferner der Gedanke nahe, wenn eine Unterscheidung von Hartbrand und Weichbrand aufgrund des Ionenhaushaltes von $H^+$ und $OH^-$ zurückgeführt werden kann und ein qualitativer Nachweis durch die Farbanzeige eines Säure-Basen-Indikators möglich ist, eine quantitative Bestimmung durch potentiometrische Messungen vorzunehmen. Es sind auch in dieser Richtung schon Versuche durchgeführt worden, es ist jedoch im jetzigen Zeitpunkt verfrüht, aus den wenigen bisherigen Ergebnissen ein Verfahren anzugeben.

Ein Hartbrand ist nach den oben angeführten Forschungsergebnissen keine kristallchemisch definierte Verbindung, sondern lediglich die Bezeichnung für den Grad der Kristall-Packungsdichte eines Branntkalkes. Infolgedessen muß ein "hart" gebrannter Kalk unter sonst gleichen Umständen reaktionsträger sein als ein "weich" gebrannter Kalk, da seine reaktionsfähige Oberfläche infolge der Packungsdichte kleiner als die des porösen Weichbrandes ist. Andererseits muß die Reaktionsfähigkeit eines hart gebrannten Kalkes dadurch gesteigert werden können, wenn seine Oberfläche durch Zertrümmerung bzw. Feinmahlung vergrößert wird.

*Forschungsberichte des Wirtschafts- und Verkehrsministeriums Nordrhein-Westfalen*

Eine quantitative Untersuchungsmethode für die Unterscheidung von "Hartbrand" und "Weichbrand" wurde daher unter Berücksichtigung des verschiedenen Reaktionsvermögens von "hart" und "weich" gebranntem CaO bei der Hydratisierung angestrebt. D.h. wenn hart gebrannter Kalk zerkleinert und in verschiedene Kornfraktionen aufgeteilt wird, dann muß unter gleichen Versuchsbedingungen mit abnehmender Korngröße eine Zunahme der Hydratisierung des CaO stattfinden. Andererseits muß unter gleichen Versuchsbedingungen und bei gleichen Korngrößen des Branntkalkes ein "weich" gebrannter Kalk einen höheren Hydratisierungsgrad als ein "hart" gebrannter Kalk aufweisen.

## IV. Versuchsdurchführung

### 1. Qualitatives Verfahren

Nach mehreren Vorversuchen erwies sich als geeigneter Indikator zur qualitativen Unterscheidung von hartgebranntem und weichgebranntem Kalk der Farbstoff Thymolblau. Als Lösungsmittel wurde Mononitrobenzol verwendet. Das Umschlaggebiet I von Thymolblau liegt bei $p_H$ 1,2 - 2,8 rot/gelb, das Umschlaggebiet II bei $p_H$ 8,0 - 9,6 gelb/blau. Der Zusatz von Thymolblau kann auch in äthylalkoholischer Lösung erfolgen, jedoch nimmt dadurch die Empfindlichkeit der Prüfung gegen Wasser zu. Die Probe verliert an Schärfe.

Die Versuche mit dieser Indikatorlösung wurden zunächst an einem sehr reinen technischen Kalk durchgeführt, der einmal bei einer Temperatur zwischen 870 und 900 °C, und in einem zweiten Versuch bei einer Temperatur von ca. 1340 °C gebrannt war. Der Versuch wird so durchgeführt, daß das Probematerial mit der Indikatorlösung angefeuchtet und darauf angehaucht wird. Bei dem milde gebrannten Kalk erscheint die mit dem Indikator angefeuchtete Stelle sofort blau, während bei dem hartgebrannten Material bei der gleichen Versuchsdurchführung die Blaufärbung unterbleibt. Läßt man die so vorbehandelten Versuchsproben an der Luft liegen, tritt bei dem Hartbrand die Blaufärbung erst nach längerer Zeit ein.

### 2. Quantitatives Verfahren

Von großer Wichtigkeit bei der quantitativen Bestimmung von Hartbrand und Weichbrand ist eine sorgfältige Probenvorbereitung. Der zu untersuchende Branntkalk wird, wenn es sich um Stückenkalk handelt, auf eine bestimmte Korngröße z.B. 1 mm gebrochen. Die kleineren wie die größeren Körner werden durch Absieben über das 1 mm- bzw. 2 mm-Sieb entfernt.

Diese Kornfraktion 1 - 2 mm dient als Ausgangssubstanz. Soll nun die Zunahme der Reaktionsfähigkeit mit fortschreitender Kornverkleinerung ermittelt werden, wird dieses Korn weiter zerkleinert. Bei den durchgeführten Versuchen wurden außer der Kornfraktion 1 mm noch die auf diese Weise erhaltenen Fraktionen 1 - 0,6; 0,6 - 0,2; 0,2 - 0,09 und 0,09 - 0,06 mm untersucht. Bei der Absiebung des Probenmaterials ist es wichtig, daß von gleichen Mengen ausgegangen und die gleiche Siebdauer angewandt wird.

Zum quantitativen Nachweis von Hartbrand und Weichbrand wurden nachstehende Verfahren erprobt:

a) R o h r o f e n

Die Versuchsapparatur besteht aus einem elektrischen Rohrofen, dessen Rohr aus Kupfer gefertigt ist. Das Kupferrohr ist in seiner lichten Weite so bemessen, daß gerade ein Reagenzglas eingeführt werden kann (Abb. 20). Das Reagenzglas wird mit 1 g der zu untersuchenden Branntkalkprobe beschickt. Die Probe wird mit 5 $cm^3$ eines Gemisches aus 2 Teilen Wasser und 1 Teil Methanol übergossen und darauf das Reagenzglas in das Kupferrohr des Ofens eingeführt. Die Temperatur des Ofens wird auf 150° bis 160 °C eingestellt und das Reaktionsgemisch 20 Minuten bei dieser Temperatur behandelt. Hierbei nimmt der zu untersuchende Branntkalk je nach seiner Reaktionsfähigkeit unterschiedliche Mengen Wasser auf, überschüssiges Wasser verdampft. Die Gewichtszunahme ist gleich der Aufnahme an Hydratwasser. Der Methylalkohol reagiert nicht mit CaO und verdampft, er wirkt bei der Reaktion des CaO mit Wasser lediglich verzögernd.

Aus der Wasseraufnahme kann das reaktionsfähige CaO durch Multiplikation mit 3,11 gefunden werden ($CaO : H_2O = 56 : 18 = 3,11$).

b) T i e g e l - M e t h o d e

1 g der zu untersuchenden Probe, die wie oben hergestellt wird, werden in einen Filtertiegel (1 Al) eingewogen. Der Filtertiegel wird so in einem durchgebohrten Gummistopfen befestigt, daß die Tonfilterplatte 2 - 3 mm über den Stopfenrand hinausragt. In einer zweiten Bohrung des Stopfens befindet sich ein Bunsensicherheitsventil. Stopfen samt Filtertiegel werden auf einen mit ca. 200 $cm^3$ kochendem destillierten Wasser und einigen Glasperlen (gleichmäßiges Sieden) beschickten Erlenmeyerkolben von 300 $cm^3$ Inhalt gebracht.

Abbildung 20
Rohrofen

Abbildung 21
Tiegelgerät

Das Wasser wird 30 Minuten lang am Kochen gehalten. Der Filtertiegel wird mit einem Tiegeldeckel abgedeckt. Nach dieser Zeit wird der Filtertiegel aus dem Stopfen genommen und im Trockenschrank bis zur Gewichtskonstanz bei ca. 150 °C getrocknet und nach dem Abkühlen im Vacuumexsikkator gewogen. Die Gewichtszunahme entspricht der Wasseraufnahme des reaktionsfähigen CaO. Weitere Berechnung wie oben.

c) S c h a l e n - M e t h o d e

In eine 25 cm$^3$ Jenaer Glasschale wird 1 g jeder Siebfraktion eingewogen, mit genau 2 cm$^3$ (Bürette oder Pipette) destilliertem Wasser versetzt und 20 Minuten im Trockenschrank bei 150 °C erhitzt. Nach dieser Zeit ist das reaktionsfähige CaO hydratisiert, alles überschüssige Wasser verdampft und die Probe gewichtskonstant. Man läßt im Vacuumexsikkator abkühlen, wägt und ermittelt das reaktionsfähige CaO durch Multiplizieren des aufgenommenen Wassers mit dem Faktor 3,11.

Es zeigt sich während der Versuchsdurchführung, daß die zuletzt beschriebene Methode c) am einfachsten und schnellsten durchzuführen ist und auch die besten reproduzierbaren Werte ergibt. Aus diesem Grunde wurden die endgültigen Untersuchungen nur nach dieser Methode vorgenommen.

Es muß nochmals hervorgehoben werden, daß, um vergleichbare Versuchsergebnisse zu erhalten, dafür Sorge getragen werden muß, daß die Versuchsbedingungen in jeder Hinsicht einheitlich gehalten werden, und daß das Reaktionsgemisch homogen ist.

## V. Versuchsergebnisse (Quantitatives Verfahren)

Zur Untersuchung gelangten Kalksteine aus folgenden geologischen Formationen: Devon, obere und untere Kreide und oberer Jura. Die Gesteine hatten die in Tabelle 8 angegebenen chemischen Zusammensetzungen (S. 31).

Die Kalksteine wurden auf eine Korngröße von 20 bis 30 mm gebrochen und in einem Gasgebläseofen gebrannt. Es wurden zwei Brenntemperaturen gewählt 1450° und 1080°, um sowohl hartgebranntes wie auch weichgebranntes Ausgangsmaterial zu erhalten. Die gewonnenen Branntkalke kühlten langsam im Ofen ab und wurden, wie oben beschrieben, zerkleinert und nach der Schalenmethode untersucht.

In Tabelle 9 sind die Werte der Gesamtanalysen der Branntkalke angegeben (S. 32). In den Tabellen 10 und 11 (S. 33 u. 34) sind die Wasseraufnahme bzw. das an das aufgenommene Wasser gebundene CaO der einzelnen Kornfraktionen der verschiedenen Branntkalkproben zusammengestellt.

Forschungsberichte des Wirtschafts- und Verkehrsministeriums Nordrhein-Westfalen

T a b e l l e  8

Anteil in Gewichts - %

| Bestandteil | Kalksteinprobe Nr. | | | | | | | | | | |
|---|---|---|---|---|---|---|---|---|---|---|---|
| | 1 | 2 | 3 | 4 | 5 | 6 | 7 | 8 | 9 | 10 | 11 |
| Glühverlust | 43,57 | 43,45 | 43,70 | 42,84 | 42,83 | 42,05 | 42,76 | 45,78 | 41,75 | 36,79 | 36,00 |
| HCl-Unlösl. | 0,37 | 0,22 | 0,41 | 0,47 | 2,23 | 2,05 | 0,75 | 2,07 | 4,35 | 9,51 | 5,88 |
| Lösl. $SiO_2$ | 0,18 | 0,20 | 0,20 | 0,47 | 0,50 | 0,22 | 1,57 | 0,21 | 0,97 | 4,54 | 3,34 |
| $Fe_2O_3$ | 0,21 } | 0,02 } | 0,25 } | 0,12 | 0,30 } | 1,28 | 0,26 | 1,33 | 0,38 | 0,51 | 0,71 |
| $Al_2O_3$ | | | | 0,22 | | 0,70 | 0,25 | 0,09 | 0,22 | 0,71 | 0,81 |
| MnO | - | - | - | - | - | 0,68 | - | - | - | - | - |
| CaO | 55,28 | 55,12 | 54,84 | 54,74 | 54,05 | 52,90 | 53,56 | 30,78 | 51,97 | 47,05 | 51,66 |
| MgO | 0,33 | 0,74 | 0,08 | 0,41 | Spuren | 0,06 | 0,48 | 19,48 | 0,20 | 0,48 | 1,05 |
| $SO_3$ | 0,04 | 0,04 | 0,04 | 0,20 | - | - | 0,22 | 0,24 | - | 0,28 | 0,27 |
| Rest (n. best.) | 0,02 | 0,21 | 0,48 | 0,53 | 0,09 | 0,06 | 0,15 | 0,02 | 0,36 | 0,13 | 0,28 |
| Summe | 100,00 | 100,00 | 100,00 | 100,00 | 100,00 | 100,00 | 100,00 | 100,00 | 100,00 | 100,00 | 100,00 |

## Tabelle 9

### Anteil in Gewichts - %

| Bestandteil | Branntkalkprobe Nr. | | | | | | | | | | |
|---|---|---|---|---|---|---|---|---|---|---|---|
| | 1 | 2 | 3 | 4 | 5 | 6 | 7 | 8 | 9 | 10 | 11 |
| Glühverlust | 4,87 | 1,97 | 2,57 | 0,92 | 4,26 | 4,25 | 3,00 | 3,57 | 4,17 | 0,32 | 4,66 |
| HCl-Unlösl. | 0,17 | 0,05 | 0,09 | 0,98 | 0,91 | 3,01 | 0,34 | 0,57 | 0,06 | 4,50 | 0,78 |
| Lösl. $SiO_2$ | 0,54 | 0,25 | 0,71 | 0,87 | 3,51 | 0,43 | 3,42 | 3,06 | 5,45 | 7,96 | 7,44 |
| $Fe_2O_3$ | 0,03 | 0,27 | 0,36 | 0,33 | 0,37 | 2,06 | 0,44 | 1,40 | 0,88 | 1,26 | 1,00 |
| $Al_2O_3$ | | 0,11 | 0,41 | 0,72 | 0,41 | 0,29 | 0,42 | 0,88 | 2,40 | 7,50 | 1,61 |
| MnO | – | – | – | – | – | 1,20 | – | – | – | – | – |
| CaO | 93,40 | 96,14 | 95,20 | 95,22 | 90,10 | 87,55 | 90,82 | 54,72 | 85,97 | 77,49 | 81,74 |
| MgO | 0,56 | 0,42 | 0,12 | 0,56 | 0,20 | 0,60 | 0,81 | 34,80 | 0,75 | 0,81 | 1,58 |
| $SO_3$ | 0,07 | 0,10 | 0,15 | 0,28 | – | 0,07 | 0,38 | 0,36 | 0,07 | 0,13 | 0,40 |
| Rest (n. best.) | 0,36 | 0,69 | 0,39 | 0,12 | 0,24 | 0,54 | 0,37 | 0,64 | 0,25 | 0,03 | 0,79 |
| Summe | 100,00 | 100,00 | 100,00 | 100,00 | 100,00 | 100,00 | 100,00 | 100,00 | 100,00 | 100,00 | 100,00 |

Tabelle 10

Wasseraufnahme in Gewichts-%

| Kalkprobe Nr. | Brenntemperatur °C | Korngröße in mm ||||| 
|---|---|---|---|---|---|---|
| | | o-o,06 | o,06-o,09 | o,09-o,2 | o,2-o,6 | o,6-1,o |
| Ca(OH)$_2$ p.A. | 1450 | 32,0 | 31,9 | 31,9 | 31,9 | 31,8 |
| 1 | " | 18,2 | 17,8 | 15,7 | 15,6 | 2,2 |
| 2 | " | 28,1 | 27,0 | 25,4 | 25,2 | 21,6 |
| 3 | " | 19,5 | 17,1 | 16,9 | 14,7 | 11,4 |
| 4 | " | 23,5 | 18,5 | 18,4 | 16,2 | 11,1 |
| 5 | " | 15,4 | 14,9 | 13,9 | 12,6 | - |
| 6 | " | - | - | - | - | - |
| 7 | " | 12,5 | 12,0 | 11,8 | 8,4 | 6,3 |
| 8 | " | 9,9 | 9,6 | 8,6 | 8,1 | 4,1 |
| 9 | " | 13,5 | 5,6 | 3,8 | 3,7 | 2,9 |
| 1o | " | 6,1 | 3,7 | 3,6 | 3,6 | 1,2 |
| 11 | " | 10,9 | 10,6 | 10,4 | 10,1 | 4,4 |
| Ca(OH)$_2$ p.A. | 1080 | 32,1 | 31,9 | 31,9 | 31,9 | 31,8 |
| 1 | " | 30,1 | 29,9 | 29,6 | 28,2 | 27,2 |
| 2 | " | 30,3 | 30,2 | 29,4 | 29,0 | 28,4 |
| 3 | " | 30,8 | 30,6 | 29,8 | 28,9 | 28,7 |
| 4 | " | 30,7 | 30,6 | 30,4 | 30,3 | 30,0 |
| 5 | " | 23,9 | 23,8 | 23,7 | 23,6 | 22,9 |
| 6 | " | 22,2 | 16,8 | 15,7 | 13,2 | 11,4 |
| 7 | " | 27,1 | 26,4 | 26,3 | 26,3 | 24,7 |
| 8 | " | 14,4 | 14,3 | 14,2 | 14,0 | 13,1 |
| 9 | " | 24,2 | 24,0 | 23,8 | 23,4 | 23,2 |
| 1o | " | 23,2 | 22,8 | 22,3 | 22,1 | 21,5 |

## VI. Auswertung der Versuchsergebnisse

### 1. Qualitativer Nachweis von Hartbrand-Weichbrand

Der qualitative Nachweis von Hartbrand-Weichbrand mittels der Anfärbmethode zeigt, daß der Indikatorfarbumschlag auf die in der Zeiteinheit freiwerdenden $Ca^{++}$-Ionen zurückzuführen ist. Gerade die beim CaO augen-

## Tabelle 11

### Gewichts-% CaO gebunden an $H_2O$

| Kalkprobe Nr. | Brenntemperatur °C | Korngröße in mm | | | | |
|---|---|---|---|---|---|---|
| | | 0-0,06 | 0,06-0,09 | 0,09-0,2 | 0,2-0,6 | 0,6-1,0 |
| $Ca(OH)_2$ p.A. | 1450 | 99,7 | 99,6 | 99,6 | 99,6 | 99,2 |
| 1 | " | 56,6 | 55,3 | 48,7 | 48,5 | 6,8 |
| 2 | " | 87,4 | 84,0 | 79,2 | 78,5 | 67,3 |
| 3 | " | 60,7 | 53,3 | 52,6 | 45,7 | 35,6 |
| 4 | " | 73,1 | 57,5 | 57,4 | 50,3 | 34,5 |
| 5 | " | 47,8 | 46,3 | 43,3 | 39,3 | 15,5 |
| 6 | " | - | - | - | - | - |
| 7 | " | 38,9 | 37,3 | 36,6 | 26,3 | 19,6 |
| 8 | " | 30,9 | 29,9 | 26,9 | 25,2 | 12,9 |
| 9 | " | 41,8 | 15,6 | 11,8 | 11,6 | 9,1 |
| 10 | " | 18,9 | 11,4 | 11,1 | 11,1 | 3,6 |
| 11 | " | 33,9 | 32,9 | 32,4 | 31,4 | 13,8 |
| $Ca(OH)_2$ p.A. | 1080 | 99,8 | 99,8 | 99,6 | 99,6 | 99,2 |
| 1 | " | 93,4 | 92,9 | 91,9 | 87,5 | 84,4 |
| 2 | " | 94,2 | 94,1 | 91,2 | 90,3 | 88,2 |
| 3 | " | 95,0 | 95,0 | 92,4 | 89,8 | 89,3 |
| 4 | " | 95,2 | 95,1 | 94,8 | 94,1 | 93,3 |
| 5 | " | 74,3 | 74,1 | 73,7 | 73,3 | 71,3 |
| 6 | " | 68,8 | 52,2 | 48,7 | 41,2 | 35,3 |
| 7 | " | 84,2 | 82,2 | 82,1 | 81,9 | 76,8 |
| 8 | " | 44,7 | 44,5 | 44,3 | 43,7 | 40,7 |
| 9 | " | 75,3 | 74,5 | 74,0 | 72,9 | 72,1 |
| 10 | " | 71,3 | 70,8 | 69,3 | 68,7 | 67,0 |

fällige Eigenschaft der Löschfähigkeit, wobei das CaO durch Aufnahme von Wasser in $Ca(OH)_2$ übergeht, ist für diese Reaktion ausschlaggebend. Wird das gebildete $Ca(OH)_2$ nun angefeuchtet, dann befinden sich in der Flüssigkeit neben den $Ca^{++}$-Ionen auch noch $OH^-$-Ionen. Wie die Versuche ergeben haben, ist der Hartbrand vom Weichbrand mit Hilfe des Indikators Thymolblau leicht zu unterscheiden. Infolge der bei Befeuchten eines weich gebrannten CaO sehr schnell frei werdenden $Ca^{++}$- und $OH^-$-Ionen färbt sich der Indikator blau, während die Färbung unter gleichen Versuchsbedingungen bei einem hartgebrannten CaO ausbleibt, da das hartgebrannte CaO infolge seiner Reaktionsfähigkeit nur äußerst langsam mit Wasser reagiert und infolgedessen $Ca^{++}$- und $OH^-$-Ionen erst nach einer längeren Zeitspanne frei werden.

## 2. Quantitativer Nachweis von Hartbrand-Weichbrand

Wie die Versuche zum quantitativen Nachweis von Hartbrand und Weichbrand ergeben haben, sind durch die Behandlung von Branntkalk mit Wasser bei einer Temperatur von 150° deutliche Unterschiede zwischen einem bei milder Temperatur und bei hoher Temperatur gebranntem Kalk zu sehen. Vergleicht man einmal die Werte der bei der Hydratisierung der einzelnen Kornfraktionen der bei verschiedenen Temperaturen gebrannten Kalke untereinander, wie dieses in Tabelle 12 (S. 38) und in der Abbildung 22 geschehen ist, dann ist deutlich zu ersehen, daß der weichgebrannte Kalk unter gleichen Versuchsbedingungen einen höheren Hydratisierungsgrad aufweist als der hartgebrannte Kalk. In der Tabelle 12 und in der Abbildung 22 sind die Gewichts-% CaO angegeben, die vom Gesamt-CaO des Branntkalkes hydratisiert sind. Andererseits geht aus diesen Werten und der Abbildung 23 deutlich hervor, daß die Reaktionsfähigkeit, d.h. in diesem Falle, der Hydratisierungsgrad, mit abnehmender Korngröße zunimmt.

Die Wasseraufnahme ist bei technischen Kalken geringer als bei CaO, das durch Brennen von $Ca(OH)_2$ p.a. hergestellt wurde. Wie die Untersuchungsergebnisse zeigen, scheint es Schwierigkeiten bei der Hydratisierung (Reaktionsfähigkeit) von hartgebranntem CaO p.a. nicht zu geben. Dieses ist darauf zurückzuführen, daß als Ausgangsmaterial $Ca(OH)_2$ diente, das beim Brennen infolge seiner Reinheit selbst bei hohen Temperaturen keine Kristallvergröberung erfährt und dadurch eine gute Porosität und damit eine große reaktionsfähige Oberfläche behält. Dagegen treten beim Brennen technischer Kalke mit hohem CaO-Gehalt, wie schon früher gesagt, mit steigenden Brenntemperaturen dichtere Kristallpackungen auf, wodurch die reaktionsfähige Oberfläche verkleinert und damit auch das Hydratisierungsvermögen beeinträchtigt wird. Enthalten die Kalksteine nun noch Nebenmineralien (Hydraulefaktoren), dann kann man, aufgrund der Untersuchungsergebnisse, mit Sicherheit annehmen, daß diese noch zusätzliche eine Reaktionsverzögerung herbeiführen. Durch Reaktion der Hydraulefaktoren

Forschungsberichte des Wirtschafts- und Verkehrsministeriums Nordrhein-Westfalen

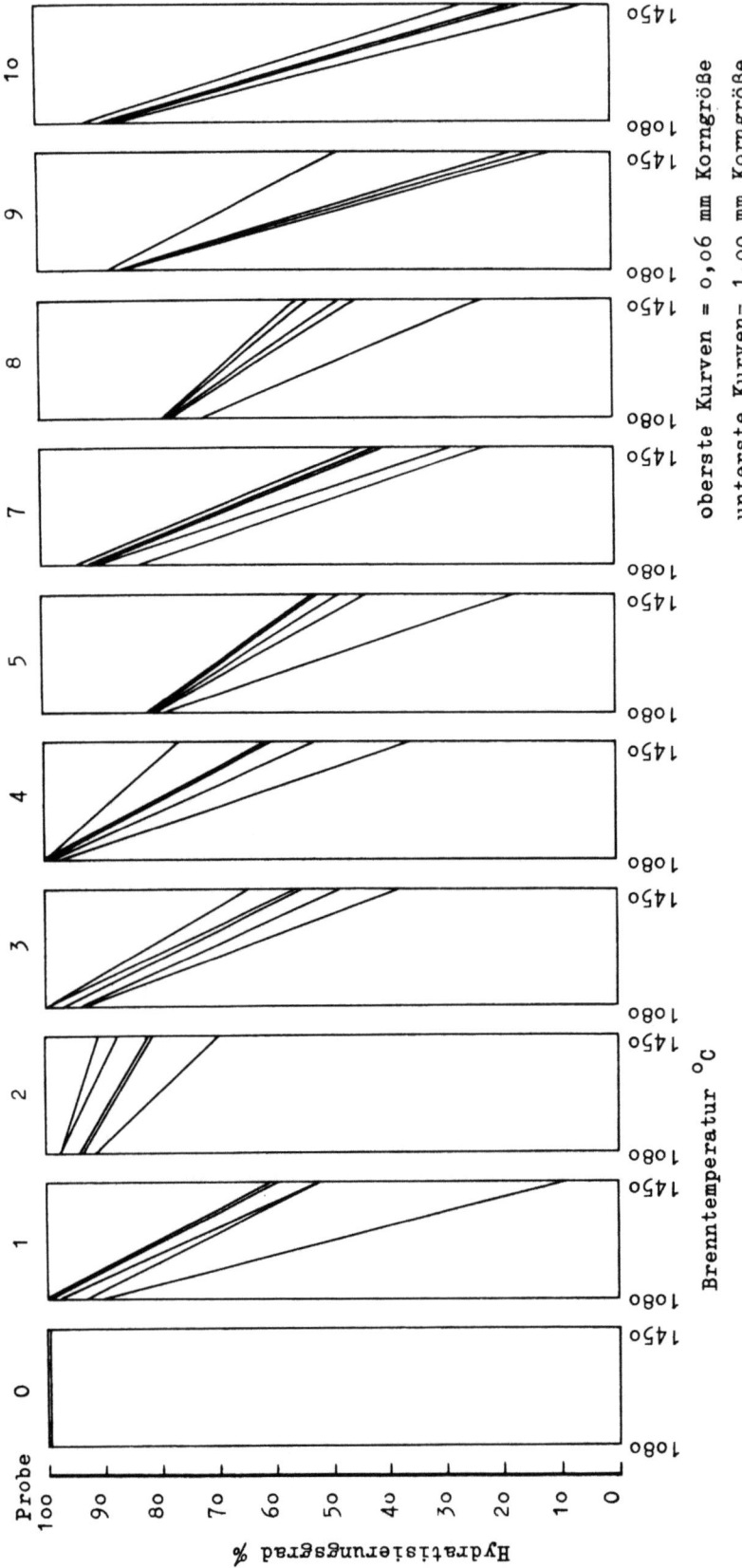

Abbildung 22

Abhängigkeit des Hydratisierungsgrades von der Brenntemperatur

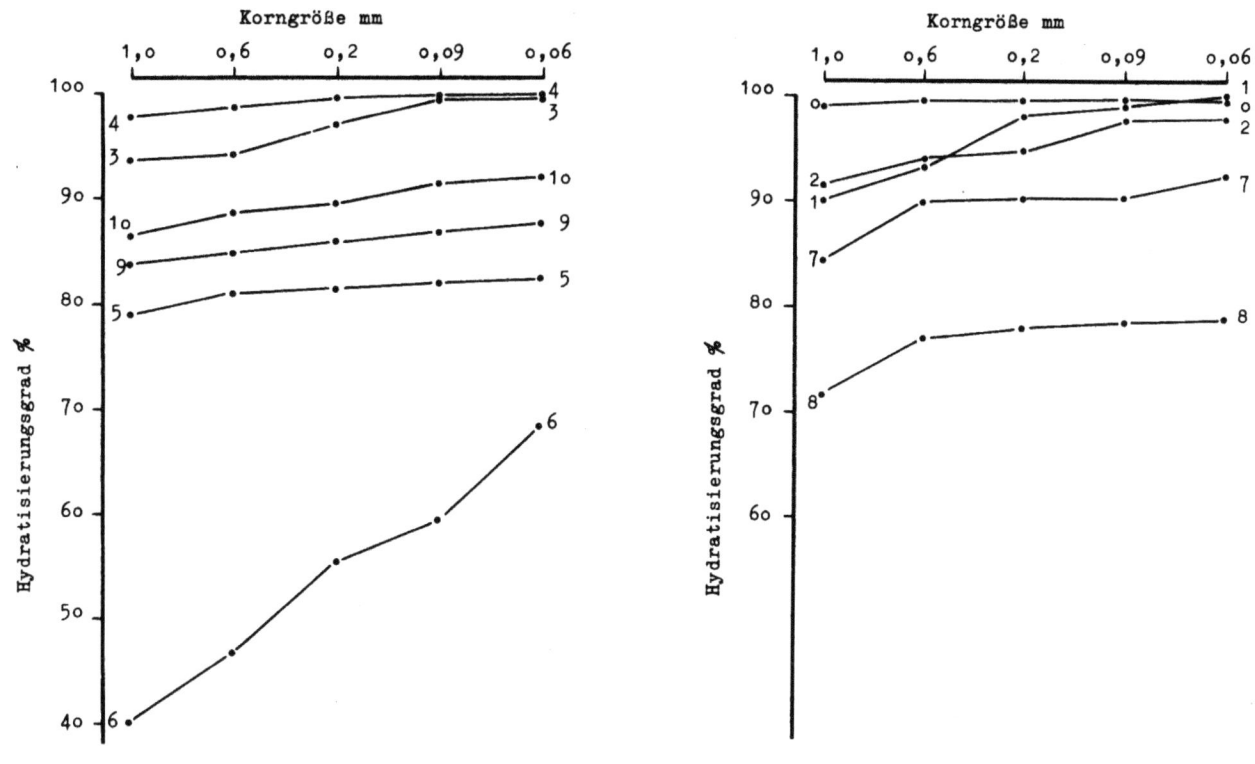

Abbildung 23 a

Abhängigkeit des Hydratisierungsgrades von der Kornfeinheit

Brenntemperatur 1080 °C

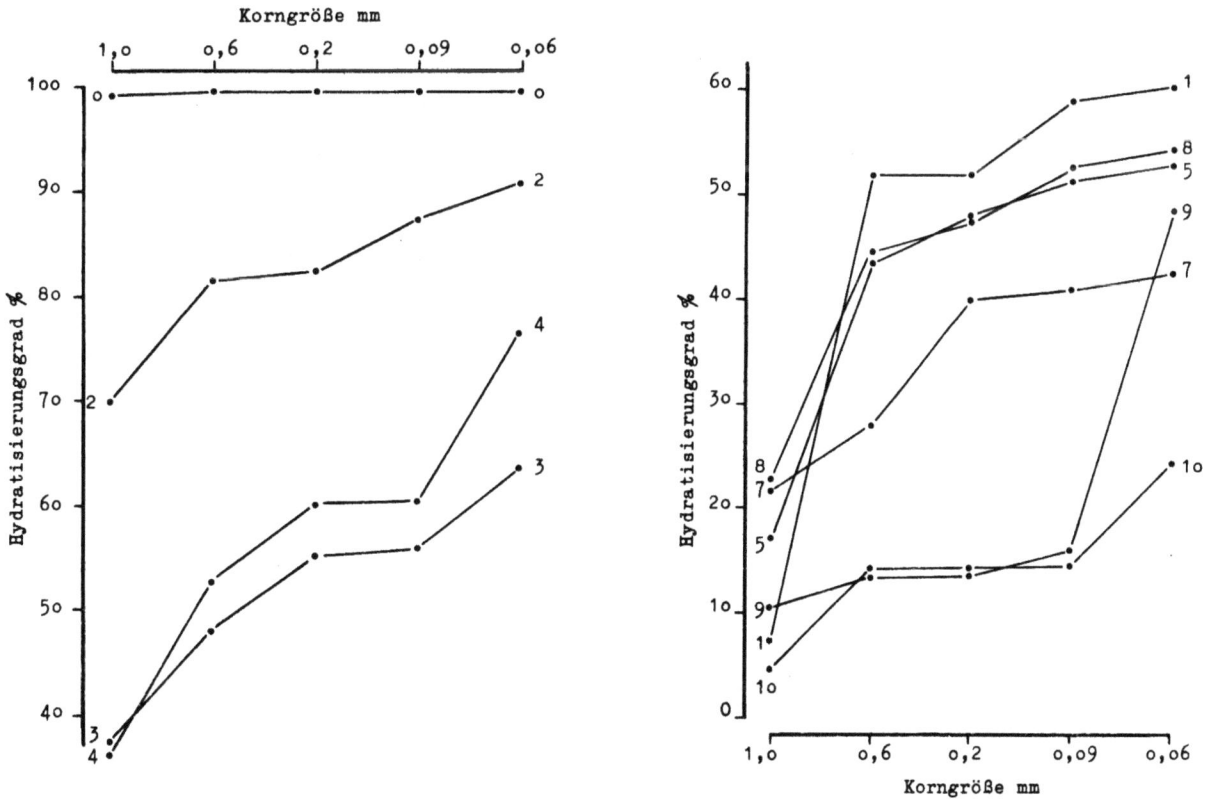

Abbildung 23 b

Abhängigkeit des Hydratisierungsgrades von der Kornfeinheit

Brenntemperatur 1450 °C

Forschungsberichte des Wirtschafts- und Verkehrsministeriums Nordrhein-Westfalen

T a b e l l e 12

Gewichts-% CaO vom Gesamt-CaO-Gehalt hydratisiert

| Korngröße in mm | Probe 0 1080° | Probe 0 50° | Probe 1 1080° | Probe 1 1450° | Probe 2 1080° | Probe 2 1450° | Probe 3 1080° | Probe 3 1450° | Probe 4 1080° | Probe 4 1450° | Probe 5 1080° | Probe 5 1450° |
|---|---|---|---|---|---|---|---|---|---|---|---|---|
| o - 0,06 | 99,8 | 99,7 | 100,0 | 60,5 | 98,0 | 90,8 | 99,5 | 63,7 | 100,0 | 76,7 | 82,3 | 53,0 |
| 0,06 - 0,09 | 99,8 | 99,6 | 99,2 | 59,2 | 97,8 | 87,4 | 99,5 | 56,0 | 99,8 | 60,3 | 82,0 | 51,3 |
| 0,09 - 0,2 | 99,6 | 99,6 | 98,2 | 52,0 | 94,8 | 82,3 | 97,0 | 55,2 | 99,5 | 60,2 | 81,5 | 48,0 |
| 0,2 - 0,6 | 99,6 | 99,6 | 93,5 | 51,8 | 94,0 | 81,5 | 94,2 | 48,0 | 98,8 | 52,8 | 81,0 | 43,5 |
| 0,6 - 1,0 | 99,2 | 99,2 | 90,2 | 7,3 | 91,6 | 70,0 | 93,6 | 37,4 | 97,8 | 36,2 | 79,0 | 17,2 |

| Korngröße in mm | Probe 6 1080° | Probe 6 1450° | Probe 7 1080° | Probe 7 1450° | Probe 8 1080° | Probe 8 1450° | Probe 9 1080° | Probe 9 1450° | Probe 1o 1080° | Probe 1o 1450° |
|---|---|---|---|---|---|---|---|---|---|---|
| o - 0,06 | 78,5 | - | 92,5 | 42,7 | 78,8 | 54,5 | 87,6 | 48,7 | 92,0 | 24,4 |
| 0,06 - 0,09 | 59,5 | - | 90,4 | 41,0 | 78,5 | 52,7 | 86,8 | 16,2 | 91,4 | 14,7 |
| 0,09 - 0,2 | 55,5 | - | 90,3 | 40,0 | 78,0 | 47,5 | 86,0 | 13,7 | 89,5 | 14,3 |
| 0,2 - 0,6 | 46,9 | - | 90,0 | 28,0 | 77,0 | 44,5 | 84,8 | 13,5 | 88,6 | 4,7 |
| 0,6 - 1,0 | 40,2 | - | 84,5 | 21,6 | 71,6 | 22,8 | 84,0 | 1o,6 | 86,5 | |

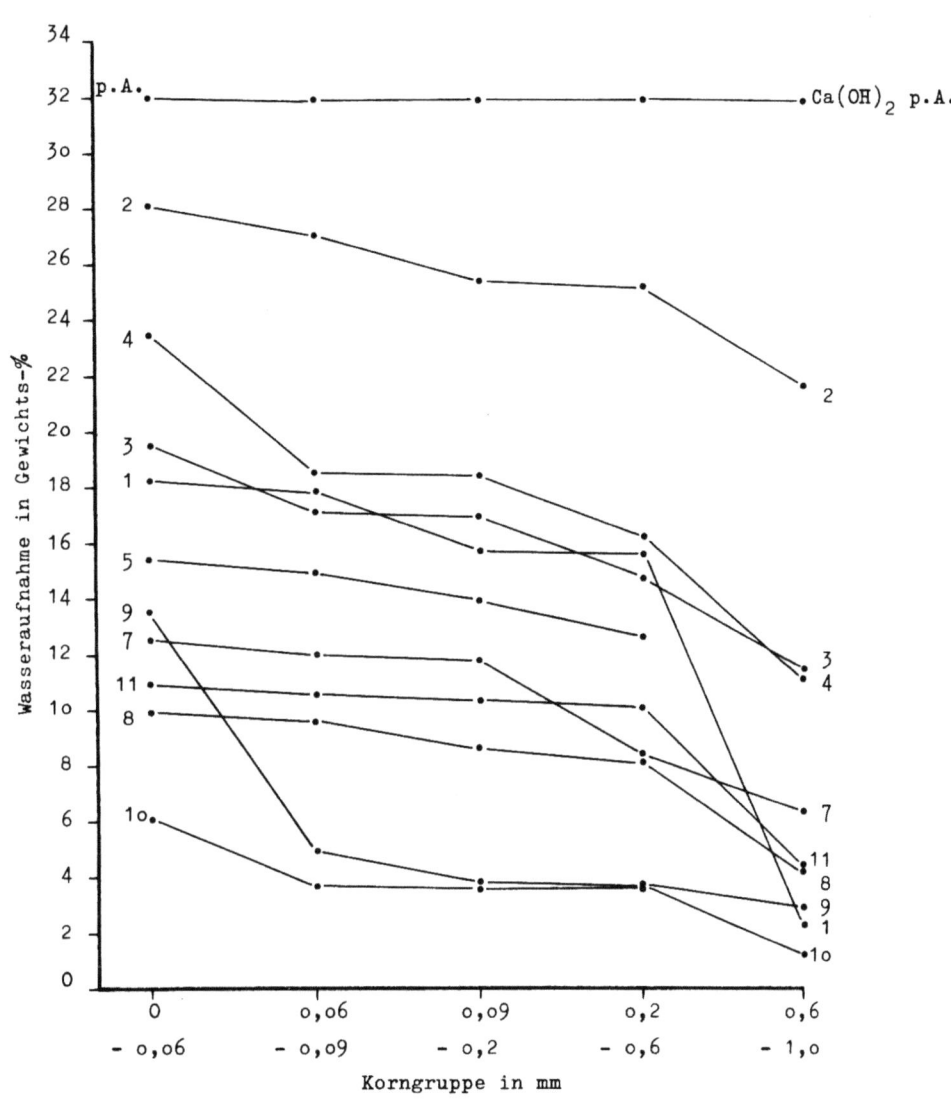

Abbildung 24

Abhängigkeit der Wasseraufnahme von Kornfeinheit und
CaO + MgO - Gehalt Brenntemperatur 1450 °C

($SiO_2$, $Fe_2O_3$, $Al_2O_3$, MnO) mit dem CaO entstehen, da diese Verbindungen als Flußmittel wirken, Kristallvergröberungen, durch die die reaktionsfähige Oberfläche und damit auch die Hydratisierung verringert werden. Dieser reaktionsverzögernde Einfluß der Nebenmineralien geht deutlich aus den Zusammenstellungen der Wasseraufnahme-Werte in Abhängigkeit vom CaO-Gehalt der untersuchten Kalke aus den Tabellen 13 und 14 und aus den Abbildungen 24 und 25 hervor. Um nun die Löschbereitschaft eines schwer löschenden Branntkalkes zu erhöhen, ist es erforderlich, seine reaktionsfähige Oberfläche zu vergrößern. Dieses ist nur möglich durch eine weit-

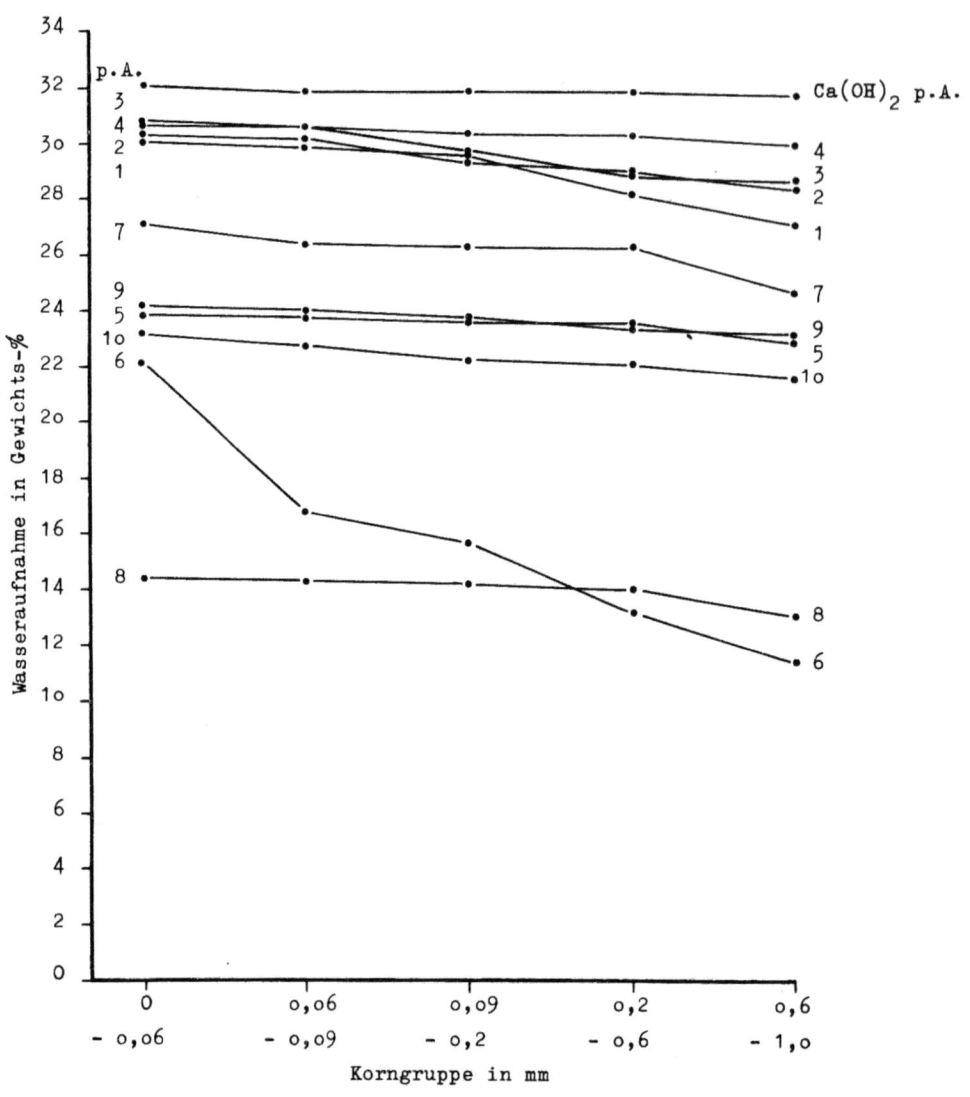

Abbildung 25

Abhängigkeit der Wasseraufnahme von Kornfeinheit und
CaO + MgO - Gehalt Brenntemperatur 1080 °C

gehende Zerkleinerung des Branntkalkkornes. Auch hier haben die durchgeführten Versuche bewiesen, daß mit abnehmender Korngröße des Branntkalkes der Hydratisierungsgrad bei gleichbleibenden Versuchsbedingungen zunimmt. Man kann also durch entsprechende Feinmahlung der durch zu hohe Brenntemperatur bedingten Packungsdichte des CaO bzw. der durch den Gehalt an Nebenmineralien bedingten geringen Porosität des Branntkalkes bis zu einem bestimmten Grad entgegenwirken.

## Tabelle 13

Brenntemperatur 1450°, Wasseraufnahme in Gewichts-%

| Kalkprobe Nr. | % CaO+MgO | Korngröße in mm | | | | |
|---|---|---|---|---|---|---|
| | | 0-0,06 | 0,06-0,09 | 0,09-0,2 | 0,2-0,6 | 0,6-1 |
| Ca(OH)$_2$ p.a. | 100,0 | 32,0 | 31,9 | 31,9 | 31,9 | 31,8 |
| 2 | 96,6 | 28,1 | 27,0 | 25,4 | 25,2 | 21,6 |
| 4 | 95,8 | 23,5 | 18,5 | 18,4 | 16,2 | 11,1 |
| 3 | 95,3 | 19,5 | 17,1 | 16,9 | 14,7 | 11,4 |
| 1 | 93,9 | 18,2 | 17,8 | 15,7 | 15,6 | 2,2 |
| 7 | 91,6 | 12,5 | 12,0 | 11,8 | 8,4 | 6,3 |
| 5 | 90,3 | 15,4 | 14,9 | 13,9 | 12,6 | - |
| 8+) | 89,5 | 9,9 | 9,6 | 8,6 | 8,1 | 4,1 |
| 9 | 86,7 | 13,5 | 5,0 | 3,8 | 3,7 | 2,9 |
| 11 | 83,3 | 10,9 | 10,6 | 10,4 | 10,1 | 4,4 |
| 10 | 78,4 | 6,1 | 3,7 | 3,6 | 3,6 | 1,2 |

+) Dolomitkalk

## Tabelle 14

Brenntemperatur 1080°, Wasseraufnahme in Gewichts-%

| Kalkprobe Nr. | % CaO+MgO | Korngröße in mm | | | | |
|---|---|---|---|---|---|---|
| | | 0-0,06 | 0,06-0,09 | 0,09-0,2 | 0,2-0,6 | 0,6-1 |
| Ca(OH)$_2$ p.a. | 100,0 | 32,1 | 31,9 | 31,9 | 31,9 | 31,8 |
| 2 | 96,6 | 30,3 | 30,2 | 29,4 | 29,0 | 28,4 |
| 4 | 95,8 | 30,7 | 30,6 | 30,4 | 30,3 | 30,0 |
| 3 | 95,3 | 30,8 | 30,6 | 29,8 | 28,9 | 28,7 |
| 1 | 93,9 | 30,1 | 29,9 | 29,6 | 28,2 | 27,2 |
| 7 | 91,6 | 27,1 | 26,4 | 26,3 | 26,3 | 24,7 |
| 5 | 90,3 | 23,9 | 23,8 | 23,7 | 23,6 | 22,9 |
| 8+) | 89,5 | 14,4 | 14,3 | 14,2 | 14,0 | 13,1 |
| 6 | 88,2 | 22,2 | 16,8 | 15,7 | 13,2 | 11,4 |
| 9 | 86,7 | 24,2 | 24,0 | 23,8 | 23,4 | 23,2 |
| 10 | 78,4 | 23,2 | 22,8 | 22,3 | 22,1 | 21,6 |

+) Dolomitkalk

## VII. Zusammenfassung

Aus den Versuchsergebnissen ist, wie schon in der Einleitung dargelegt wurde, zu ersehen, daß Hartbrand kein kristallchemisch definierter Stoff ist, sondern eine Bezeichnung für einen geringen Grad der Reaktionsfähigkeit, insbesondere der Löschbereitschaft. Es hat sich gezeigt, daß die Frage Hartbrand-Weichbrand in das umfassende Problem des Wasserhaushaltes des $CaO$ bzw. $Ca(OH)_2$ eingeordnet werden muß. Dementsprechend wurden auch die beschriebenen Prüfmethoden zum quantitativen und qualitativen Nachweis Hartbrand-Weichbrand ausgerichtet.

Da diese Untersuchungsverfahren vor allen Dingen im Kalkwerkbetrieb zur Anwendung gelangen sollten, mußte dafür Sorge getragen werden, daß sie mit einem einfachen apparativen Aufwand und leicht durchzuführen sind. Die entwickelten Verfahren tragen diesen Anforderungen Rechnung. Der qualitative Nachweis Hartbrand-Weichbrand liefert in kürzester Zeit mittels des Indikatorfarbumschlages ein zuverlässiges Ergebnis über den Brenngrad eines Kalkes. Das quantitative Verfahren erlaubt dem Betriebsmann durch die Bestimmung der Wasseraufnahme eines Branntkalkes festzustellen, einmal, ob er einen Hartbrand vorliegen hat und ferner, ob er durch eine Zerkleinerung des Branntkalkkornes die Löschfähigkeit des Kalkes steigern und damit seine Güte verbessern kann. Voraussetzung für die Anwendung dieses quantitativen Verfahrens im Kalkwerk ist, daß jedes Werk zunächst mit seinem Kalk Testversuche durchführt, um die mit dem Löschvermögen verbundenen Güteeigenschaften des Kalkes zu ermitteln. Liegen diese Werte einmal fest, dann ist es einfach, aufgrund der mittels der quantitativen Prüfmethode gefundenen Wasseraufnahmen des Branntkalkes, den Brand des Kalkes zu beurteilen und eventuell die Ofenführung entsprechend zu regulieren.

Dr.-Ing Kurt ALBERTI, Köln
Dr.phil.habil. Franz SCHWARZ, Köln

## VIII. Literaturverzeichnis

1) BYVOET, KOLKMEYER und Mc GILLAVRY — Röntgenanalyse von Kristallen 1940

2) CLARK, BRADLEY und AZBE — Neue Untersuchungen mit Röntgenstrahlen

3) WUHRER — Physikalisch chemische Untersuchungen über den Zustand des Branntkalkes und über die Vorgänge und Einflüsse beim Brennen. Z.K.G. 1953, 354 ff.

4) POHL — Vergleichende Untersuchungen über Trockenlöschen von Kalk. Z.K.G. 1951, 263 ff.

5) POHL — Kalkbrennen und Kalkqualität. T.I.Z. 1953, 165 ff.

6) HARTMANN und STEINHOFF — Stahl und Eisen 45/1925

7) SCHWARZ — Sprechsaal 1945, 1-3

8) SCHWARZ — Microchimica Acta 3/126/1938

9) WALDEN — Z.phys. Ch. 54/228/1905 u. 94/263 sowie 374/1920

# FORSCHUNGSBERICHTE
## DES WIRTSCHAFTS- UND VERKEHRSMINISTERIUMS
## NORDRHEIN-WESTFALEN

Herausgegeben von Staatssekretär Prof. Leo Brandt

**HEFT 1**
*Prof. Dr.-Ing. E. Flegler, Aachen*
Untersuchungen oxydischer Ferromagnet-Werkstoffe
*1952, 20 Seiten, DM 6,75*

**HEFT 2**
*Prof. Dr. W. Fuchs, Aachen*
Untersuchungen über absatzfreie Teeröle
*1952, 32 Seiten, 5 Abb., 6 Tabellen, DM 10,—*

**HEFT 3**
*Techn.-Wissenschaftl. Büro für die Bastfaserindustrie, Bielefeld*
Untersuchungsarbeiten zur Verbesserung des Leinenwebstuhls
*1952, 44 Seiten, 7 Abb., 3 Tabellen, DM 12,50*

**HEFT 4**
*Prof. Dr. E. A. Müller und Dipl.-Ing. H. Spitzer, Dortmund*
Untersuchungen über die Hitzebelastung in Hüttebetrieben
*1952, 28 Seiten, 5 Abb., 1 Tabelle, DM 9,—*

**HEFT 5**
*Dipl.-Ing. W. Fister, Aachen*
Prüfstand der Turbinenuntersuchungen
*1952, 40 Seiten, 30 Abb., 3 Schaltbilder, DM 1,—*

**HEFT 6**
*Prof. Dr. W. Fuchs, Aachen*
Untersuchungen über die Zusammensetzung und Verwendbarkeit von Schwelteerfraktionen
*1952, 36 Seiten, DM 10.50*

**HEFT 7**
*Prof. Dr. W. Fuchs, Aachen*
Untersuchungen über emsländisches Petrolatum
*1952, 36 Seiten, 1 Abb., 17 Tabellen, DM 10,50*

**HEFT 8**
*M. E. Meffert und H. Stratmann, Essen*
Algen-Großkulturen im Sommer 1951
*1953, 52 Seiten, 4 Abb., 20 Tabellen, DM 9,75*

**HEFT 9**
*Techn.-Wissenschaftl. Büro für die Bastfaserindustrie, Bielefeld*
Untersuchungen über die zweckmäßige Wicklungsart von Leinengarnkreuzspulen unter Berücksichtigung der Anwendung hoher Geschwindigkeiten des Garnes
Vorversuche für Zetteln und Schären von Leinengarnen auf Hochleistungsmaschinen
*1952, 48 Seiten, 7 Abb., 7 Tabellen, DM 9,25*

**HEFT 10**
*Prof. Dr. W. Vogel, Köln*
„Das Streifenpaar" als neues System zur mechanischen Vergrößerung kleiner Verschiebungen und seine technischen Anwendungsmöglichkeiten
*1953, 20 Seiten, 6 Abb., DM 4,50*

**HEFT 11**
*Laboratorium für Werkzeugmaschinen und Betriebslehre, Technische Hochschule Aachen*
1. Untersuchungen über Metallbearbeitung im Fräsvorgang mit Hartmetallwerkzeugen und negativen Spanwinkel
2. Weiterentwicklung des Schleifverfahrens für die Herstellung von Präzisionswerkstücken unter Vermeidung hoher Temperaturen
3. Untersuchung von Oberflächenveredlungsverfahren zur Steigerung der Belastbarkeit hochbeanspruchter Bauteile
*1953, 80 Seiten, 61 Abb., DM 15,75*

**HEFT 12**
*Elektrowärme-Institut, Langenberg (Rhld.)*
Induktive Erwärmung mit Netzfrequenz
*1952, 22 Seiten 6 Abb., DM 5,20*

**HEFT 13**
*Techn.-Wissenschaftl. Büro für die Bastfaserindustrie, Bielefeld*
Das Naßspinnen von Bastfasergarnen mit chemischen Zusätzen zum Spinnbad
*1953, 52 Seiten, 4 Abb., 19 Tabellen, DM 10,—*

**HEFT 14**
*Forschungsstelle für Acetylen, Dortmund*
Untersuchungen über Aceton als Lösungsmittel für Acetylen
*1952, 64 Seiten, 10 Abb., 26 Tabellen, DM 12,25*

**HEFT 15**
*Wäschereiforschung Krefeld*
Trocknen von Wäschestoffen
*1953, 48 Seiten, 14 Abb., 2 Tabellen, DM 9,—*

**HEFT 16**
*Max-Planck-Institut für Kohlenforschung, Mülheim a. d. Ruhr*
Arbeiten des MPI für Kohlenforschung
*1953, 104 Seiten, 9 Abb., DM 17,80*

**HEFT 17**
*Ingenieurbüro Herbert Stein, M.-Gladbach*
Untersuchung der Verzugsvorgänge in den Streckwerken verschiedener Spinnereimaschinen. 1. Bericht: Vergleichende Prüfung mit verschiedenen Dickenmeßgeräten
*1952, 36 Seiten, 15 Abb., DM 8,—*

**HEFT 18**
*Wäschereiforschung Krefeld*
Grundlagen zur Erfassung der chemischen Schädigung beim Waschen
*1953, 68 Seiten, 15 Abb., 15 Tabellen, DM 12,75*

**HEFT 19**
*Techn.-Wissenschaftl. Büro für die Bastfaserindustrie, Bielefeld*
Die Auswirkung des Schlichtens von Leinengarnketten auf den Verarbeitungswirkungsgrad, sowie die Festigkeit und Dehnungsverhältnisse der Garne und Gewebe
*1953, 48 Seiten, 1 Abb., 9 Tabellen, DM 9,—*

**HEFT 20**
*Techn.-Wissenschaftl. Büro für die Bastfaserindustrie, Bielefeld*
Trocknung von Leinengarnen I
Vorgang und Einwirkung auf die Garnqualität
*1953, 62 Seiten, 18 Abb., 5 Tabellen, DM 12,—*

**HEFT 21**
*Techn.-Wissenschaftl. Büro für die Bastfaserindustrie, Bielefeld*
Trocknung von Leinengarnen II
Spulenanordnung und Luftführung beim Trocknen von Kreuzspulen
*1953, 66 Seiten, 22 Abb., 9 Tabellen, DM 13,—*

**HEFT 22**
*Techn.-Wissenschaftl. Büro für die Bastfaserindustrie, Bielefeld*
Die Reparaturanfälligkeit von Webstühlen
*1953, 28 Seiten, 7 Abb., 5 Tabellen, DM 5,80*

**HEFT 23**
*Institut für Starkstromtechnik, Aachen*
Rechnerische und experimentelle Untersuchungen zur Kenntnis der Metadyne als Umformer von konstanter Spannung auf konstanten Strom
*1953, 52 Seiten, 20 Abb., 4 Tafeln, DM 9,75*

**HEFT 24**
*Institut für Starkstromtechnik, Aachen*
Vergleich verschiedener Generator-Metadyne-Schaltungen in bezug auf statisches Verhalten
*1952, 44 Seiten, 23 Abb., DM 8,50*

**HEFT 25**
*Gesellschaft für Kohlentechnik mbH., Dortmund-Eving*
Struktur der Steinkohlen und Steinkohlen-Kokse
*1953, 58 Seiten, DM 11,—*

**HEFT 26**
*Techn.-Wissenschaftl. Büro für die Bastfaserindustrie, Bielefeld*
Vergleichende Untersuchungen zweier neuzeitlicher Ungleichmäßigkeitsprüfer für Bänder und Garne hinsichtlich ihrer Eignung für die Bastfaserspinnerei
*1953, 64 Seiten, 30 Abb., DM 12,50*

**HEFT 27**
*Prof. Dr. E. Schratz, Münster*
Untersuchungen zur Rentabilität des Arzneipflanzenanbaues Römische Kamille, Anthemis nobilis L.
*1953, 16 Seiten, 1 Tabelle, DM 3,60*

**HEFT 28**
*Prof. Dr. E. Schratz, Münster*
Calendula officinalis L. Studien zur Ernährung, Blütenfüllung und Rentabilität der Drogengewinnung
*1953, 24 Seiten, 2 Abb., 3 Tabellen, DM 5,20*

**HEFT 29**
*Techn.-Wissenschaftl. Büro für die Bastfaserindustrie, Bielefeld*
Die Ausnützung der Leinengarne in Geweben
*1953, 100 Seiten, 14 Abb., 10 Tabellen, DM 17,80*

**HEFT 30**
*Gesellschaft für Kohlentechnik mbH., Dortmund-Eving*
Kombinierte Entaschung und Verschwelung von Steinkohle; Aufarbeitung von Steinkohlenschlämmen zu verkokbarer oder verschwelbarer Kohle
*1953, 56 Seiten, 16 Abb., 10 Tabellen, DM 10,50*

**HEFT 31**
*Dipl.-Ing. A. Stormanns, Essen*
Messung des Leistungsbedarfs von Doppelsteg-Kettenförderern
*1954, 54 Seiten, 18 Abb., 3 Anlagen, DM 11,—*

**HEFT 32**
*Techn.-Wissenschaftl. Büro für die Bastfaserindustrie, Bielefeld*
Der Einfluß der Natriumchloridbleiche auf Qualität und Verwebbarkeit von Leinengarnen und die Eigenschaften der Leinengewebe unter besonderer Berücksichtigung des Einsatzes von Schützen- und Spulenwechselautomaten in der Leinenweberei
*1953, 64 Seiten, 2 Abb., 12 Tabellen, DM 11,50*

**HEFT 33**
*Kohlenstoffbiologische Forschungsstation e. V.*
Eine Methode zur Bestimmung von Schwefeldioxyd und Schwefelwasserstoff in Rauchgasen und in der Atmosphäre
*1953, 32 Seiten, 8 Abb., 3 Tabellen, DM 6.50*

**HEFT 34**
*Textilforschungsanstalt Krefeld*
Quellungs- und Entquellungsvorgänge bei Faserstoffen
*1953, 52 Seiten, 13 Abb., 13 Tabellen, DM 9,80*

WESTDEUTSCHER VERLAG · KÖLN UND OPLADEN

**HEFT 35**
*Professor Dr. W. Kast, Krefeld*
Feinstrukturuntersuchungen an künstlichen Zellulosefasern verschiedener Herstellungsverfahren.
Teil 1: Der Orientierungszustand
*1953, 74 Seiten, 30 Abb., 7 Tabellen, DM 13,80*

**HEFT 36**
*Forschungsinstitut der feuerfesten Industrie, Bonn*
Untersuchungen über die Trocknung von Rohton
Untersuchungen über die chemische Reinigung von Silika- und Schamotte-Rohstoffen mit chlorhaltigen Gasen
*1953, 60 Seiten, 5 Abb., 5 Tabellen, DM 11,—*

**HEFT 37**
*Forschungsinstitut der feuerfesten Industrie, Bonn*
Untersuchungen über den Einfluß der Probenvorbereitung auf die Kaltdruckfestigkeit feuerfester Steine
*1953, 40 Seiten, 2 Abb., 5 Tabellen, DM 7,80*

**HEFT 38**
*Forschungsstelle für Acetylen, Dortmund*
Untersuchungen über die Trocknung von Acetylen zur Herstellung von Dissousgas
*1953, 36 Seiten, 11 Abb., 3 Tabellen, DM 6,80*

**HEFT 39**
*Forschungsgesellschaft Blechverarbeitung e. V., Düsseldorf*
Untersuchungen an prägegemusterten und vorgelochten Blechen
*1953, 46 Seiten, 34 Abb., DM 9,50*

**HEFT 40**
*Landesgeologe Dr.-Ing. W. Wolff, Amt für Bodenforschung, Krefeld*
Untersuchungen über die Anwendbarkeit geophysikalischer Verfahren zur Untersuchung von Spateisengängen im Siegerland
*1953, 46 Seiten, 8 Abb., DM 8,80*

**HEFT 41**
*Techn.-Wissenschaftl. Büro für die Bastfaserindustrie, Bielefeld*
Untersuchungsarbeiten zur Verbesserung des Leinenwebstuhles II
*1953, 40 Seiten, 4 Abb., 5 Tabellen, DM 7,80*

**HEFT 42**
*Professor Dr. B. Helferich, Bonn*
Untersuchungen über Wirkstoffe — Fermente — in der Kartoffel und die Möglichkeit ihrer Verwendung
*1953, 58 Seiten, 9 Abb., DM 11,—*

**HEFT 43**
*Forschungsgesellschaft Blechverarbeitung e. V., Düsseldorf*
Forschungsergebnisse über das Beizen von Blechen
*1953, 48 Seiten, 38 Abb., 2 Tabellen, DM 11,30*

**HEFT 44**
*Arbeitsgemeinschaft für praktische Dehnungsmessung, Düsseldorf*
Eigenschaften und Anwendungen von Dehnungsmeßstreifen
*1953, 68 Seiten, 43 Abb., 2 Tabellen, DM 13,70*

**HEFT 45**
*Losenhausenwerk Düsseldorfer Maschinenbau AG., Düsseldorf*
Untersuchungen von störenden Einflüssen auf die Lastgrenzenanzeige von Dauerschwingprüfmaschinen
*1953, 36 Seiten, 11 Abb., 3 Tabellen, DM 7,25*

**HEFT 46**
*Prof. Dr. W. Fuchs, Aachen*
Untersuchungen über die Aufbereitung von Wasser für die Dampferzeugung in Benson-Kesseln
*1953, 58 Seiten, 18 Abb., 9 Tabellen, DM 11,20*

**HEFT 47**
*Prof. Dr.-Ing. K. Krekeler, Aachen*
Versuche über die Anwendung der induktiven Erwärmung zum Sintern von hochschmelzenden Metallen sowie zur Anlegierung und Vergütung von aufgespritzten Metallschichten mit dem Grundwerkstoff
*1954, 66 Seiten, 39 Abb., DM 13,90*

**HEFT 48**
*Max-Planck-Institut für Eisenforschung, Düsseldorf*
Spektrochemische Analyse der Gefügebestandteile in Stahlen nach ihrer Isolierung
*1953, 38 Seiten, 8 Abb., 5 Tabellen, DM 7,80*

**HEFT 49**
*Max-Planck-Institut für Eisenforschung, Düsseldorf*
Untersuchungen über Ablauf der Desoxydation und die Bildung von Einschlüssen in Stahlen
*1953, 52 Seiten, 19 Abb., 3 Tabellen, DM 12,40*

**HEFT 50**
*Max-Planck-Institut für Eisenforschung, Düsseldorf*
Flammenspektralanalytische Untersuchung der Ferritzusammensetzung in Stählen
*1953, 44 Seiten, 15 Abb., 4 Tabellen, DM 8,60*

**HEFT 51**
*Verein zur Förderung von Forschungs- und Entwicklungsarbeiten in der Werkzeugindustrie e. V., Remscheid*
Untersuchungen an Kreissägeblättern für Holz, Fehler- und Spannungsprüfverfahren
*1953, 50 Seiten, 23 Abb., DM 10,—*

**HEFT 52**
*Forschungsstelle für Acetylen, Dortmund*
Untersuchungen über den Umsatz bei der explosiblen Zersetzung von Azetylen
a) Zersetzung von gasförmigem Azetylen
b) Zersetzung von an Silikagel adsorbiertem Azetylen
*1954, 48 Seiten, 8 Abb., 10 Tabellen, DM 9,25*

**HEFT 53**
*Professor Dr.-Ing. H. Opitz, Aachen*
Reibwert und Verschleißmessungen an Kunststoffgleitführungen für Werkzeugmaschinen
*1954, 38 Seiten, 18 Abb., DM 8,20*

**HEFT 54**
*Professor Dr.-Ing. F. A. F. Schmidt, Aachen*
Schaffung von Grundlagen für die Erhöhung der spez. Leistung und Herabsetzung des spez. Brennstoffverbrauches bei Ottomotoren mit Teilbericht über Arbeiten an einem neuen Einspritzverfahren
*1954, 34 Seiten, 15 Abb., DM 7,40*

**HEFT 55**
*Forschungsgesellschaft Blechverarbeitung e. V. Düsseldorf*
Chemisches Glänzen von Messing und Neusilber
*1954, 50 Seiten, 21 Abb., 1 Tabelle, DM 10,20*

**HEFT 56**
*Forschungsgesellschaft Blechverarbeitung e. V., Düsseldorf*
Untersuchungen über einige Probleme der Behandlung von Blechoberflächen
*1954, 52 Seiten, 42 Abb., DM 11,20*

**HEFT 57**
*Prof. Dr.-Ing. F. A. F. Schmidt, Aachen*
Untersuchungen zur Erforschung des Einflusses des chemischen Aufbaues des Kraftstoffes auf sein Verhalten im Motor und in Brennkammern von Gasturbinen
*1954, 70 Seiten, 32 Abb., DM 14,60*

**HEFT 58**
*Gesellschaft für Kohlentechnik mbH., Dortmund*
Herstellung und Untersuchung von Steinkohlenschwelteer
*1954, 74 Seiten, 9 Abb., 9 Tabellen, DM 13,75*

**HEFT 59**
*Forschungsinstitut der Feuerfest-Industrie e. V., Bonn*
Ein Schnellanalysenverfahren zur Bestimmung von Aluminiumoxyd, Eisenoxyd und Titanoxyd in feuerfestem Material mittels organischer Farbreagenzien auf photometrischem Wege
Untersuchung des Alkali-Gehaltes feuerfester Stoffe mit dem Flammenphotometer nach Riehm-Lange
*1954, 62 Seiten, 12 Abb., 3 Tabellen, DM 11,60*

**HEFT 60**
*Forschungsgesellschaft Blechverarbeitung e. V., Düsseldorf*
Untersuchungen über das Spritzlackieren im elektrostatischen Hochspannungsfeld
*1954, 82 Seiten, 53 Abb., 7 Tabellen, DM 17,—*

**HEFT 61**
*Verein zur Förderung von Forschungs- und Entwicklungsarbeiten in der Werkzeugindustrie e. V., Remscheid*
Schwingungs- und Arbeitsverhalten von Kreissägeblättern für Holz
*1954, 54 Seiten, 31 Abb., DM 11,40*

**HEFT 62**
*Professor Dr. W. Franz, Institut für theoretische Physik der Universität Münster*
Berechnung des elektrischen Durchschlags durch feste und flüssige Isolatoren
*1954, 36 Seiten, DM 7,—*

**HEFT 63**
*Textilforschungsanstalt Krefeld*
Neue Methoden zur Untersuchung der Wirkungsweise von Textilhilfsmitteln
Untersuchungen über Schlichtungs- und Entschlichtungsvorgänge
*1954, 34 Seiten, 1 Abb., 5 Tabellen, DM 6,80*

**HEFT 64**
*Textilforschungsanstalt Krefeld*
Die Kettenlängenverteilung von hochpolymeren Faserstoffen
Über die fraktionierte Fällung von Polyamiden
*1954, 44 Seiten, 13 Abb., 2 Tabellen, DM 8,60*

**HEFT 65**
*Fachverband Schneidwarenindustrie, Solingen*
Untersuchungen über das elektrolytische Polieren von Tafelmesserklingen aus rostfreiem Stahl
*1954, 90 Seiten, 38 Abb., 9 Tabellen, DM 17,35*

**HEFT 66**
*Dr.-Ing. P. Füsgen VDI †, Düsseldorf*
Untersuchungen über das Auftreten des Ratterns bei selbsthemmenden Schneckengetrieben und seine Verhütung
*1954, 32 Seiten, 5 Abb., DM 6,60*

**HEFT 67**
*Heinrich Wösthoff o. H. G., Apparatebau, Bochum*
Entwicklung einer chemisch-physikalischen Apparatur zur Bestimmung kleinster Kohlenoxyd-Konzentrationen
*1954, 94 Seiten, 48 Abb., 2 Tabellen, DM 18,25*

**HEFT 68**
*Kohlenstoffbiologische Forschungsstation e. V., Essen*
Algengroßkulturen im Sommer 1952
II. Über die unsterile Großkultur von Scenedesmus obliquus
*1954, 62 Seiten, 3 Abb., 29 Tabellen, DM 11,40*

**HEFT 69**
*Wäschereiforschung Krefeld*
Bestimmung des Faserabbaues bei Leinen unter besonderer Berücksichtigung der Leinengarnbleiche
*1954, 48 Seiten, 15 Abb., 3 Tabellen, DM 9,60*

**HEFT 70**
*Wäschereiforschung Krefeld*
Trocknen von Wäschestoffen
*1954, 52 Seiten, 18 Abb., 3 Tabellen, DM 10,—*

**HEFT 71**
*Prof. Dr.-Ing. K. Leist, Aachen*
Kleingasturbinen, insbesondere zum Fahrzeugantrieb
*1954, 114 Seiten, 85 Abb., DM 22,—*

**HEFT 72**
*Prof. Dr.-Ing. K. Leist, Aachen*
Beitrag zur Untersuchung von stehenden geraden Turbinengittern mit Hilfe von Druckverteilungsmessungen
*1954, 152 Seiten, 111 Abb., DM 36,20*

**HEFT 73**
*Prof. Dr.-Ing. K. Leist, Aachen*
Spannungsoptische Untersuchungen von Turbinenschaufelfüßen
*1954, 66 Seiten, 46 Abb., 2 Tabellen, DM 14,60*

**HEFT 74**
*Max-Planck-Institut für Eisenforschung, Düsseldorf*
Versuche zur Klärung des Umwandlungsverhaltens eines sonderkarbidbildenden Chromstahls
*1954, 58 Seiten, 10 Abb., DM 14,—*

**HEFT 75**
*Max-Planck-Institut für Eisenforschung, Düsseldorf*
Zeit-Temperatur-Umwandlungs-Schaubilder als Grundlage der Wärmebehandlung der Stähle
*1954, 44 Seiten, 13 Abb., DM 8,70*

**HEFT 76**
*Max-Planck-Institut für Arbeitsphysiologie, Dortmund*
Arbeitstechnische und arbeitsphysiologische Rationalisierung von Mauersteinen
*1954, 52 Seiten, 12 Abb., 3 Tabellen, DM 10,20*

**HEFT 77**
*Meteor Apparatebau Paul Schmeck GmbH., Siegen*
Entwicklung von Leuchtstoffröhren hoher Leistung
*1954, 46 Seiten, 12 Abb., 2 Tabellen, DM 9,15*

**HEFT 78**
*Forschungsstelle für Acetylen, Dortmund*
Über die Zustandsgleichung des gasförmigen Acetylens und das Gleichgewicht Acetylen — Aceton
*1954, 42 Seiten, 3 Abb., 8 Tabellen, DM 8,—*

**HEFT 79**
*Techn.-Wissenschaftl. Büro für die Bastfaserindustrie, Bielefeld*
Trocknung von Leinengarnen III
Spinnspulen- und Spinnkopstrocknung
Vorgang und Einwirkung auf die Garnqualität
*1954, 74 Seiten, 18 Abb., 10 Tabellen, DM 14,—*

WESTDEUTSCHER VERLAG · KÖLN UND OPLADEN

HEFT 80
*Techn.-Wissenschaftl. Büro für die Bastfaserindustrie, Bielefeld*
Die Verarbeitung von Leinengarn auf Webstühlen mit und ohne Oberbau
*1954, 30 Seiten, 2 Abb., 2 Tabellen, DM 6,—*

HEFT 81
*Prüf- und Forschungsinstitut für Ziegeleierzeugnisse, Essen-Kray*
Die Einführung des großformatigen Einheits-Gitterziegels im Lande Nordrhein-Westfalen
*1954, 54 Seiten, 2 Abb., 2 Tabellen, DM 10,—*

HEFT 82
*Vereinigte Aluminium-Werke AG., Bonn*
Forschungsarbeiten auf dem Gebiet der Veredelung von Aluminium-Oberflächen
*1954, 46 Seiten, 34 Abb., DM 9,60*

HEFT 83
*Prof. Dr. S. Strugger, Münster*
Über die Struktur der Proplastiden
*1954, 30 Seiten, 15 Abb., DM 8,40*

HEFT 84
*Dr. H. Baron, Düsseldorf*
Über Standardisierung von Wundtextilien
*1954, 32 Seiten, DM 6,40*

HEFT 85
*Textilforschungsanstalt Krefeld*
Physikalische Untersuchungen an Fasern, Fäden, Garnen und Geweben:
Untersuchungen am Knickscheuergerät nach Weltzien
*1954, 40 Seiten, 11 Abb., 8 Tabellen, DM 10,—*

HEFT 86
*Prof. Dr.-Ing. H. Opitz, Aachen*
Untersuchungen über das Fräsen von Baustahl sowie über den Einfluß des Gefüges auf die Zerspanbarkeit
*1954, 108 Seiten, 73 Abb., 7 Tabellen, DM 22,—*

HEFT 87
*Gemeinschaftsausschuß Verzinken, Düsseldorf*
Untersuchungen über Güte von Verzinkungen
*1954, 68 Seiten, 56 Abb., 3 Tabellen, DM 15,30*

HEFT 88
*Gesellschaft für Kohlentechnik mbH., Dortmund-Eving*
Oxydation von Steinkohle mit Salpetersäure
*1954, 62 Seiten, 2 Abb., 1 Tabelle, DM 11,50*

HEFT 89
*Verein Deutscher Ingenieure, Gleitlagerforschung, Düsseldorf und Prof. Dr.-Ing. G. Vogelpohl, Göttingen*
Versuche mit Preßstoff-Lagern für Walzwerke
*1954, 70 Seiten, 34 Abb., DM 14,10*

HEFT 90
*Forschungs-Institut der Feuerfest-Industrie, Bonn*
Das Verhalten von Silikasteinen im Siemens-Martin-Ofengewölbe
*1954, 62 Seiten, 15 Abb., 11 Tabellen, DM 11,90*

HEFT 91
*Forschungs-Institut der Feuerfest-Industrie, Bonn*
Untersuchungen des Zusammenhangs zwischen Leistung und Kohlenverbrauch von Kammeröfen zum Brennen von feuerfesten Materialien
*1954, 42 Seiten, 6 Abb., DM 8,30*

HEFT 92
*Techn.-Wissenschaftl. Büro für die Bastfaserindustrie, Bielefeld und Laboratorium für textile Meßtechnik, M.-Gladbach*
Messungen von Vorgängen am Webstuhl
*1954, 76 Seiten, 45 Abb., DM 15,50*

HEFT 93
*Prof. Dr. W. Kast, Krefeld*
Spinnversuche zur Strukturerfassung künstlicher Zellulosefasern
*1954, 82 Seiten, 39 Abb., 6 Tabellen, DM 16,—*

HEFT 94
*Prof. Dr. G. Winter, Bonn*
Die Heilpflanzen des MATTHIOLUS (1611) gegen Infektionen der Harnwege und Verunreinigung der Wunden bzw. zur Förderung der Wundheilung im Lichte der Antibiotikaforschung
*1954, 58 Seiten, 1 Abb., 2 Tabellen, DM 11,50*

HEFT 95
*Prof. Dr. G. Winter, Bonn*
Untersuchungen über die flüchtigen Antibiotika aus der Kapuziner- (Tropaeolum maius) und Gartenkresse (Lepidium sativum) und ihr Verhalten im menschlichen Körper bei Aufnahme von Kapuziner- bzw. Gartenkressensalat per os
*1955, 74 Seiten, 9 Abb., 25 Tabellen, DM 14,—*

HEFT 96
*Dr.-Ing. P. Koch, Dortmund*
Austritt von Exoelektronen aus Metalloberflächen unter Berücksichtigung der Verwendung des Effektes für die Materialprüfung
*1954, 34 Seiten, 13 Abb., DM 7,—*

HEFT 97
*Ing. H. Stein, Laboratorium für textile Meßtechnik, M.-Gladbach*
Untersuchung der Verzugsvorgänge an den Streckwerken verschiedener Spinnereimaschinen
2. Bericht: Ermittlung der Haft-Gleiteigenschaften von Faserbändern und Vorgarnen
*1955, 98 Seiten, 54 Abb., DM 21,—*

HEFT 98
*Fachverband Gesenkschmieden, Hagen*
Die Arbeitsgenauigkeit beim Gesenkschmieden unter Hämmern
*1955, 132 Seiten, 55 Abb., 9 Tabellen, DM 24,75*

HEFT 99
*Prof. Dr.-Ing. G. Garbotz, Aachen*
Der Kraft- und Arbeitsaufwand sowie die Leistungen beim Biegen von Bewehrungsstählen in Abhängigkeit von den Abmessungen, den Formen und der Güte der Stähle (Ermittlung von Leistungsrichtlinien)
*1955, 136 Seiten, 53 Abb., 3 Anlagen, 18 Tabellen, DM 30,—*

HEFT 100
*Prof. Dr.-Ing. H. Opitz, Aachen*
Untersuchungen von elektrischen Antrieben, Steuerungen und Regelungen an Werkzeugmaschinen
*1955, 166 Seiten, 71 Abb., 3 Tabellen, DM 31,30*

HEFT 101
*Prof. Dr.-Ing. H. Opitz, Aachen*
Wirtschaftlichkeitsbetrachtungen beim Außenrundschleifen
*1955, 100 Seiten, 56 Abb., 3 Tabellen, DM 19,30*

HEFT 102
*Dr. P. Hölemann, Ing. R. Hasselmann und Ing. G. Dix, Dortmund*
Untersuchungen über die thermische Zündung von explosiblen Acetylenzersetzungen in Kapillaren
*1954, 44 Seiten, 5 Abb., 4 Tabellen, DM 8,60*

HEFT 103
*Prof. Dr. W. Weizel, Bonn*
Durchführung von experimentellen Untersuchungen über den zeitlichen Ablauf von Funken in komprimierten Edelgasen sowie zu deren mathematischen Berechnung
*1955, 46 Seiten, 12 Abb., DM 9,10*

HEFT 104
*Prof. Dr. W. Weizel, Bonn*
Über den Einfluß der Elektroden auf die Eigenschaften von Cadmium-Sulfid-Widerstands-Photozellen
*1955, 48 Seiten, 12 Abb., DM 9,45*

HEFT 105
*Dr.-Ing. R. Meldau, Harsewinkel/Westf.*
Auswertung von Gekörn — Analysen des Musterstaubes „Flugasche Fortuna I"
*1955, 42 Seiten, 14 Abb., DM 8,50*

HEFT 106
*ORR. Dr.-Ing. W. Küch, Dortmund*
Untersuchungen über die Einwirkung von feuchtigkeitsgesättigter Luft auf die Festigkeit von Leimverbindungen
*1954, 60 Seiten, 10 Abb., 6 Tabellen, DM 11,40*

HEFT 107
*Prof. Dr. H. Lange und Dipl.-Phys. P. St. Pütter, Köln*
Über die Konstruktion von Laboratoriumsmagneten
*1955, 66 Seiten, 19 Abb., 1 Tabelle, DM 12,30*

HEFT 108
*Prof. Dr. W. Fuchs, Aachen*
Untersuchungen über neue Beizmethoden und Beizabwässer
I. Die Entzunderung von Drähten mit Natriumhydrid
II. Die Aufbereitung von Beizabwässern
*1955, 82 Seiten, 15 Abb., 14 Tabellen, 1 Falttafel, DM 15,25*

HEFT 109
*Dr. P. Hölemann und Ing. R. Hasselmann, Dortmund*
Untersuchungen über die Löslichkeit von Azetylen in verschiedenen organischen Lösungsmitteln
*1954, 42 Seiten, 10 Abb., 8 Tabellen, DM 8,30*

HEFT 110
*Dr. P. Hölemann und Ing. R. Hasselmann, Dortmund*
Untersuchungen über den Druckverlauf bei der explosiblen Zersetzung von gasförmigem Azetylen
*1955, 54 Seiten, 10 Abb., 5 Tabellen, DM 11,—*

HEFT 111
*Fachverband Steinzeugindustrie, Köln*
Die Entwicklung eines Gerätes zur Beschickung seitlicher Feuer von Steinzeug-Einzelkammeröfen mit festen Brennstoffen
*1955, 46 Seiten, 16 Abb., DM 9,40*

HEFT 112
*Prof. Dr.-Ing. H. Opitz, Aachen*
Verschleißmessungen beim Drehen mit aktivierten Hartmetallwerkzeugen
*1954, 44 Seiten, 17 Abb., 6 Tabellen, DM 8,80*

HEFT 113
*Prof. Dr. O. Graf, Dortmund*
Erforschung der geistigen Ermüdung und nervösen Belastung: Studien über die vegetative 24-Stunden-Rhythmik in Ruhe und unter Belastung
*1955, 40 Seiten, 12 Abb., DM 8,20*

HEFT 114
*Prof. Dr. O. Graf, Dortmund*
Studien über Fließarbeitsprobleme an einer praxisnahen Experimentieranlage
*1954, 34 Seiten, 6 Abb., DM 7,—*

HEFT 115
*Prof. Dr. O. Graf, Dortmund*
Studium über Arbeitspausen in Betrieben bei freier und zeitgebundener Arbeit (Fließarbeit) und ihre Auswirkung auf die Leistungsfähigkeit
*1955, 50 Seiten, 13 Abb., 2 Tabellen, DM 9,80*

HEFT 116
*Prof. Dr.-Ing. E. Siebel und Dr.-Ing. H. Weiss, Stuttgart*
Untersuchungen an einigen Problemen des Tiefziehens — I. Teil
*1955, 74 Seiten, 50 Abb., 5 Tabellen, DM 14,50*

HEFT 117
*Dr.-Ing. H. Beißwanger, Stuttgart, und Dr.-Ing. S. Schwandt, Trier*
Untersuchungen an einigen Problemen des Tiefziehens — II. Teil
*1955, 92 Seiten, 34 Abb., 8 Tabellen, DM 17,70*

HEFT 118
*Prof. Dr. E. A. Müller und Dr. H. G. Wenzel, Dortmund*
Neuartige Klima-Anlage zur Erzeugung ungleicher Luft- und Strahlungstemperaturen in einem Versuchsraum
*1955, 68 Seiten, 10 z. T. mehrfarb. Abb., DM 14,—*

HEFT 119
*Dr.-Ing. O. Viertel, Krefeld*
Wäscherei- und energietechnische Untersuchung einer Gemeinschafts-Waschanlage
*1955, 50 Seiten, 18 Abb., DM 10,20*

HEFT 120
*Dipl.-Ing. A. Weisbecker, Lüdenscheid*
Über Anfressung an Reinstaluminium-Schweißnähten bei der elektrolytischen Oxydation
*Gebr. Hörstermann GmbH., Velbert*
Entwicklung und Erprobung eines neuartigen Gummibandförderers
*1955, 46 Seiten, 18 Abb., DM 9,70*

HEFT 121
*Dr. H. Krebs, Bonn*
I. Die Struktur und die Eigenschaften der Halbmetalle
II. Die Bestimmung der Atomverteilung in amorphen Substanzen
III. Die chemische Bindung in anorganischen Festkörpern und das Entstehen metallischer Eigenschaften
*1955, 124 Seiten, 36 Abb., 13 Tabellen, DM 22,90*

HEFT 122
*Prof. Dr. W. Fuchs, Aachen*
Untersuchungen zur Verbesserung der Wasseraufbereitung und Wasseranalyse:
Über die Schnellbewertung von Ionenaustauscher
*1955, 62 Seiten, 32 Abb., DM 12,30*

HEFT 123
*Dipl.-Ing. J. Emondts, Aachen*
Über Bodenverformungen bei stark gestörtem und mächtigen, wasserführendem Deckgebirge im Aachener Steinkohlengebiet
*1955, 196 Seiten, 37 Abb., 10 Tabellen, DM 28,80*

HEFT 124
*Prof. Dr. R. Seyffert, Köln*
Wege und Kosten der Distribution der Hausratwaren im Lande Nordrhein-Westfalen
*1955, 74 Seiten, 25 Tabellen, DM 9,—*

---

WESTDEUTSCHER VERLAG · KÖLN UND OPLADEN

HEFT 125
*Prof. Dr. E. Kappler, Münster*
Eine neue Methode zur Bestimmung von Kondensations-Koeffizienten von Wasser
*1955, 46 Seiten, 11 Abb., 1 Tabelle, DM 9,10*

HEFT 126
*Prof Dr -Ing J Mathieu, Aachen*
Arbeitszeitvergleich
Grundlagen, Methodik u. praktische Durchführung
*1955, 70 Seiten, DM 13,—*

HEFT 127
*Güteschutz Betonstein e. V.,*
*Arbeitskreis Nordrhein-Westfalen, Dortmund*
Die Betonwaren-Gütesicherung im Lande Nordrhein-Westfalen
*1955, 58 Seiten, 15 Abb, 3 Tabellen, DM 11,50*

HEFT 128
*Prof. Dr. O. Schmitz-DuMont, Bonn*
Untersuchungen uber Reaktionen in flussigem Ammoniak
*1955, 96 Seiten, 11 Abb., 6 Tabellen, DM 17,75*

HEFT 129
*Prof. Dr.-Ing. J. Mathieu und Dr. C. A. Roos, Aachen*
Die Anlernung von Industriearbeitern
I. Ergebnisse einer grundsatzlichen Untersuchung der gegenwartigen Industriearbeiter-Kurzanlernung
*1955, 106 Seiten, DM 19,70*

HEFT 130
*Prof. Dr.-Ing. J. Mathieu und Dr. C. A. Roos, Aachen*
Die Anlernung von Industriearbeitern
II. Beiträge zur Methodenfrage der Kurzanlernung
*1955, 108 Seiten, DM 19,90*

HEFT 131
*Dr. W. Hoerburger, Koln*
Versuche zur Biosynthese von Eiweiß aus Kohlenwasserstoff
*1955, 34 Seiten, 2 Abb, DM 6,90*

HEFT 132
*Prof. Dr. W. Seith, Munster*
Über Diffusionserscheinungen in festen Metallen
*1955, 42 Seiten, 19 Abb., 4 Tabellen, DM 9,10*

HEFT 133
*Prof. Dr. E. Jenckel, Aachen*
Über einen für Schwermetalle selektiven Ionenaustauscher
*1955, 48 Seiten, 8 Abb., 13 Tabellen, DM 9,50*

HEFT 134
*Prof. Dr.-Ing. H. Winterhager, Aachen*
Über die elektrochemischen Grundlagen der Schmelzfluß-Elektrolyse von Bleisulfid in geschmolzenen Mischungen mit Bleichlorid
*1955, 54 Seiten, 20 Abb, 5 Tabellen, DM 11,80*

HEFT 135
*Prof. Dr.-Ing. K. Krekeler und Dr.-Ing. H. Peukert, Aachen*
Die Änderung der mechanischen Eigenschaften thermoplastischer Kunststoffe durch Warmrecken
*1955, 54 Seiten, 27 Abb., DM 11,10*

HEFT 136
*Dipl.-Phys. P. Pilz, Remscheid*
Über spezielle Probleme der Zerkleinerungstechnik von Weichstoffen
*1955, 58 Seiten, 19 Abb., 2 Tabellen, DM 11,50*

HEFT 137
*Prof. Dr. W. Baumeister, Munster*
Beiträge zur Mineralstoffernährung der Pflanzen
*1955, 64 Seiten, 6 Tabellen, DM 11,80*

HEFT 138
*Dr. P. Holemann und Ing. R. Hasselmann, Dortmund*
Untersuchungen über die Zersetzungswärme von gasförmigem und in Azeton gelöstem Azetylen
*1955, 54 Seiten, 8 Abb, 7 Tabellen, DM 10,40*

HEFT 139
*Prof. Dr. W. Fuchs, Aachen*
Studien über die thermische Zersetzung der Kohle und die Kohlendestillatprodukte
*1955, 64 Seiten, 20 Abb., 22 Tabellen, DM 11,80*

HEFT 140
*Dr.-Ing. G. Hausberg, Essen*
Modellversuche an Zyklonen
*1955, 78 Seiten, 24 Abb, DM 15,70*

HEFT 141
*Dr. J. van Calker und Dr. R. Wienecke, Münster*
Untersuchungen über den Einfluß dritter Analysenpartner auf die spektrochemische Analyse
*1955, 42 Seiten, 15 Abb., DM 9,10*

HEFT 142
*Dipl.-Ing. G. M. F. Wiebel, Hannover, A. Konermann und A. Ottenheym, Sennelager*
Entwicklung eines Kalksandleichtsteines
*1955, 38 Seiten, 4 Abb., DM 8,—*

HEFT 143
*Prof. Dr F. Wever, Dr. A. Rose und Dipl.-Ing. W. Straßburg, Dusseldorf*
Härtbarkeit u. Umwandlungsverhalten der Stähle
*1955, 50 Seiten, 12 Abb., 3 Tabellen, DM 10,70*

HEFT 144
*Prof. Dr. H. Wurmbach, Bonn*
Steuerung von Wachstum und Formbildung
*1955, 48 Seiten, 19 Abb., DM 10,30*

HEFT 145
*Dr. G. Hennemann, Werdohl (Westf.)*
Beitrag zur Interpretation der modernen Atomphysik
*1955, 34 Seiten, DM 10,—*

HEFT 146
*Dr.-Ing. F. Gruß, Dusseldorf*
Sterilisation mit Heißluft
*1955, 34 Seiten, 10 Abb., DM 7.70*

HEFT 147
*Dr.-Ing. W. Rudisch, Unna*
Untersuchung einer drehelastischen Elektromagnet-Synchronkupplung
*1955, 82 Seiten, 65 Abb., DM 17,70*

HEFT 148
*Prof. Dr. H. Bittel u. Dipl.-Phys. L. Storm, Munster*
Untersuchungen uber Widerstandsrauschen
*1955, 40 Seiten, 5 Abb., DM 8,40*

HEFT 149
*Dipl.-Ing. K. Konopicky und Dipl.-Chem. P. Kampa, Bonn*
I. Beitrag zur flammenphotometrischen Bestimmung des Calciums.
*Dr.-Ing. K. Konopicky, Bonn*
II. Die Wanderung von Schlackenbestandteilen in feuerfesten Baustoffen
*1955, 54 Seiten, 10 Abb., 5 Tabellen, DM 11,—*

HEFT 150
*Prof. Dr.-Ing O. Kienzle und Dipl.-Ing. W. Timmerbeil, Hannover*
Das Durchziehen enger Kragen an ebenen Fein- und Mittelblechen
*1955, 52 Seiten, 20 Abb., 8 Tabellen, DM 11,30*

HEFT 151
*Dipl.-Ing. P. Karabasch, Aachen*
Feststellung des optimalen Gasgehaltes von Bronzen zur Erzielung druckdichter Gußstucke
*in Vorbereitung*

HEFT 152
*Dipl.-Ing. G. Muller, Koln*
Ermittlung der Laufeigenschaften (Vergießbarkeit) von Bronze und Rotguß mittels der Schneider-Gießspirale
*1955, 60 Seiten, 33 Abb, DM 13,30*

HEFT 153
*Prof. Dr. F. Wever, Dr.-Ing. W. A. Fischer und Dipl.-Ing. J. Engelbrecht, Düsseldorf*
I. Die Reduktion sauerstoffhaltiger Eisenschmelzen im Hochvakuum mit Wasserstoff und Kohlenstoff
II. Einfluß geringer Sauerstoffgehalte auf das Gefüge und Alterungsverhalten von Reineisen
*1955, 54 Seiten, 15 Abb., 2 Tabellen, DM 12,40*

HEFT 154
*Prof. Dr.-Ing. P. Bardenheuer und Dr.-Ing. W. A. Fischer, Dusseldorf*
Die Verschlackung von Titan aus Stahlschmelzen im sauren und basischen Hochfrequenzofen unter verschiedenen Schlacken
*1955, 36 Seiten, 10 Abb., 1 Tabelle, DM 7,95*

HEFT 155
*Dipl.-Phys. K. H. Schirmer, Munchen*
Die auf Grau abgestimmte Farbwiedergabe im Dreifarbenbuchdruck
*1955, 46 Seiten, 17 Abb., 2 Farbtafeln, DM. 10,—*

HEFT 156
*Prof. Dr.-Ing. B. von Borries und Mitarbeiter, Dusseldorf*
Die Entwicklung regelbarer permanentmagnetischer Elektronenlinsen hoher Brechkraft und eines mit ihnen ausgerüsteten Elektronenmikroskopes neuer Bauart
*in Vorbereitung*

HEFT 157
*Dr. W. Jawtusch, Dr. G Schuster und Prof. Dr.-Ing. R. Jaeckel, Bonn*
Untersuchungen über die Stoßvorgänge zwischen neutralen Atomen und Molekülen
*1955, 48 Seiten, 15 Abb., 3 Tabellen, DM 10,50*

HEFT 158
*Dipl.-Ing. W. Rosenkranz, Meinerzhagen*
Ein Beitrag zum Problem der Spannungskorrosion bei Preßprofilen und Preßteilen aus Aluminium-Legierungen
*in Vorbereitung*

HEFT 159
*Dr.-Ing. O. Viertel und O. Oldenroth, Krefeld*
Das Bleichen von Weißwäsche mit Wasserstoffsuperoxyd bzw. Natriumhypochlorit beim maschinellen Waschen
*1955, 54 Seiten, 23 Abb., 2 Tabellen, DM 11,45*

HEFT 160
*Prof. Dr. W. Klemm, Munster*
Über neue Sauerstoff- und Fluor-haltige Komplexe
*1955, 50 Seiten, 13 Abb., 7 Tabellen, DM 10,80*

HEFT 161
*Prof. Dr. W. Weltzien und Dr. G. Hauschild, Krefeld*
Über Silikone und ihre Anwendung in der Textilveredlung
*1955, 162 Seiten, 22 Abb, 10 Tabellen, DM 27,—*

HEFT 162
*Prof. Dr. F. Wever, Prof. Dr A Kochendorfer und Dr.-Ing. Chr. Rohrbach, Dusseldorf*
Kennzeichnung der Sprödbruchneigung von Stählen durch Messung der Fließspannung, Reißspannung und Brucheinschnürung an dreiachsig beanspruchten Proben
*1955, 58 Seiten, 26 Abb, DM 13,—*

HEFT 163
*Dipl.-Ing. W. Rohs und Text.-Ing. H. Griese, Bielefeld*
Untersuchungsarbeiten zur Verbesserung des Leinenwebstuhls III
*1955, 80 Seiten, 15 Abb., 18 Tabellen, DM 15,80*

HEFT 164
*Dr.-Ing. H. Schmachtenberg, Koln*
Neuartige Prufeinrichtungen für Kraftfahrzeuge
*1955, 44 Seiten, 23 Abb., DM 9,60*

HEFT 165
*Dr.-Ing. W. Wilhelm, Aachen*
Instationare Gasströmung im Auspuffsystem eines Zweitaktmotors
*1955, 62 Seiten, 31 Abb., 8 Tabellen, DM 13,60*

HEFT 166
*Prof. Dr. M. v. Stackelberg, Dr. H. Heindze, Dr H. Hubschke und Dr. K. H. Frangen, Bonn*
Kolloidchemische Untersuchungen
*1955, 106 Seiten, 8 Abb, 13 Tabellen, DM 21,25*

HEFT 167
*Prof. Dr.-Ing. F. Schuster, Essen*
I. Über die Heißkarburierung von Brenngasen mit Ölen und Teeren
II. Die Strahlungsvorgänge in brennstoffbeheizten Öfen bei verschiedenen Verbrennungsatmosphären
*1955, 38 Seiten, 8 Abb., DM 8,30*

HEFT 168
*Prof. Dr.-Ing. F. Schuster, Essen*
I. Luftvorwarmung an Gasfeuerungen
II. Heizwerthöhe von Brenngasen und Wirkungsgrad sowie Gasverbrauch bei der Gasverwendung
III. Sauerstoffangereicherte Luft und feuerungstechnische Kenngrößen von Brenngasen
*1955, 60 Seiten, 18 Abb., DM 12,50*

HEFT 169
*Forschungsinstitut fur Pigmente und Lacke, Stuttgart*
Arbeiten über die Bestimmung des Gebrauchswertes von Lackfilmen durch physikalische Prüfungen
*1955, 70 Seiten, 23 Abb., 4 Tabellen, DM 15,—*

HEFT 170
*Prof. Dr F Wever, Dr. A. Rose und Dipl.-Ing. L. Rademacher, Dusseldorf*
Anwendung der Umwandlungsschaubilder auf Fragen der Werkstoffauswahl beim Schweißen und Flammharten
*1955, 64 Seiten, 25 Abb, DM 13,70*

---

WESTDEUTSCHER VERLAG · KÖLN UND OPLADEN

HEFT 171
*Wäschereiforschung Krefeld*
Untersuchung der Wäscheentwässerung mit Hilfe von Zentrifugen und Pressen
*1955, 42 Seiten, 16 Abb., 4 Tabellen, DM 9,70*

HEFT 172
*Dipl.-Ing. W. Rohs, Dr.-Ing. G. Satlow und Text.-Ing. G. Heller, Bielefeld*
Trocknung von Hanfgarnen. Kreuzspultrocknung
*1955, 60 Seiten, 7 Abb., 4 Tabellen, DM 10,30*

HEFT 173
*Prof. Dr. R. Hosemann und Dipl.-Phys. G. Schoknecht, Berlin, vorgelegt von Prof. Dr. W. Kast, Krefeld*
Lichtoptische Herstellung und Diskussion der Faltungsquadrate parakristalliner Gitter
*in Vorbereitung*

HEFT 174
*Prof. Dr. W. von Fragstein, Dr. J. Meingast und H. Hoch, Köln*
Herstellung von Solen einheitlicher Teilchengröße und Ermittlung ihrer optischen Eigenschaften
*1955, 78 Seiten, 80 Abb., 4 Tabellen, DM 18,25*

HEFT 175
*Dr.-Ing. H. Zeller, Aachen*
Beitrag zur eindimensionalen stationären und nichtstationären Gasströmung mit Reibung und Wärmeleitung insbesondere in Rohren mit unstetigen Querschnittsänderungen
*in Vorbereitung*

HEFT 176
*Dipl.-Ing. H. Schöberl, Duisburg*
Über die Methoden zur Ermittlung der Verbrennungstemperatur von Brennstoffen und ein Vorschlag zu ihrer Verbesserung
*1955, 30 Seiten, 3 Abb., DM 6,50*

HEFT 177
*Dipl.-Ing. H. Stüdemann, Solingen, und Dr.-Ing. W. Müchler, Essen*
Entwicklung eines Verfahrens zur zahlenmäßigen Bestimmung der Schneideigenschaften von Messerklingen
*in Vorbereitung*

HEFT 178
*Prof. Dr. M. von Stackelberg u. Dr. W. Hans, Bonn*
Untersuchungen zur Ausarbeitung und Verbesserung von polarographischen Analysenmethoden
*1955, 46 Seiten, 14 Abb., DM 10,50*

HEFT 179
*Dipl.-Ing. H. F. Reineke, Bochum*
Entwicklungsarbeiten auf dem Gebiete der Meß- und Regeltechnik
*1955, 46 Seiten, 10 Abb., DM 10,—*

HEFT 180
*Dr.-Ing. W. Piepenburg, Dipl.-Ing. B. Bühling und Bauing. J. Behnke, Köln*
Putzarbeiten im Hochbau und Versuche mit aktiviertem Mörtel und mechanischem Mörtelauftrag
*1955, 116 Seiten, 31 Abb., 68 Tabellen, DM 23,—*

HEFT 181
*Prof. Dr. W. Franz, Münster*
Theorie der elektrischen Leitvorgänge in Halbleitern und isolierenden Festkörpern bei hohen elektrischen Feldern
*1955, 28 Seiten, 2 Abb., 1 Tabelle, DM 6,20*

HEFT 182
*Dr.-Ing. P. Schenk u. Dr. K. Osterloh, Düsseldorf*
Katalytisch-thermische Spaltung von gasförmigen und flüssigen Kohlenwasserstoffen zur Spitzengaserzeugung
*1955, 50 Seiten, 11 Abb., 11 Tabellen, DM 10,90*

HEFT 183
*Dr. W. Bornheim, Köln*
Entwicklungsarbeiten an Flaschen- und Ampullen-Behandlungsmaschinen für die pharmazeutische Industrie
*in Vorbereitung*

HEFT 184
*Dr.-Ing. E. Printz, Kettwig*
Vollhydraulische Parallel-Kupplung für Ackerschlepper
*1955, 32 Seiten, 4 Abb., DM 7,80*

HEFT 185
*Dipl.-Ing. W. Rohs und Text.-Ing. G. Heller, Bielefeld*
Studien an einem neuzeitlichen Kreuzspultrockner für Bastfasergarne mit Wiederbefeuchtungszone
*1955, 52 Seiten, 9 Abb., 3 Tabellen, DM 10,70*

HEFT 186
*Dr. E. Wedekind, Krefeld*
Untersuchungen zur Arbeitsbestgestaltung bei der Fertigstellung von Oberhemden in gewerblichen Wäschereien
*1955, 124 Seiten, 28 Abb., 6 Tabellen, 2 Falttaf., DM 12,—*

HEFT 187
*Dipl.-Ing. F. Göttgens, Essen*
Über die Eigenarten der Bimetall-, Thermo- und Flammenionisationssicherungsmethode in ihrer Anwendung auf Zündsicherungen
*1955, 40 Seiten, 6 Abb., 4 Tabellen, DM 8,40*

HEFT 188
*W. Kinnebrock, Langenberg (Rhld.)*
Der Einfluß des Austausches gleicher Gaskochbrenner bzw. Gaskochbrennerteile auf den Wirkungsgrad und insbesondere auf den CO-Gehalt der Verbrennungsgase
*1955, 42 Seiten, 7 Tabellen, DM 8,70*

HEFT 189
*Fa. E. Leybold's Nachfolger, Köln*
I. Ausgewählte Kapitel aus der Vakuumtechnik
II. Zum Verlust anorganisch-nichtflüchtiger Substanzen während der Gefriertrocknung
*1955, 52 Seiten, 16 Abb., 3 Tabellen, DM 11,20*

HEFT 190
*Prof. Dr. A. Neuhaus, Prof. Dr. O. Schmitz-DuMont und Dipl.-Chem. H. Reckhard, Bonn*
Zur Kenntnis der Alkalititanate
*1955, 60 Seiten, 13 Abb., 1 Tabelle, DM 12,20*

HEFT 191
*Dr. H. Söhngen, Darmstadt*
Schwingungsverhalten eines Schaufelkranzes im Vakuum
*1955, 36 Seiten, 7 Abb., DM 7,80*

HEFT 192
*Dipl.-Phys. E. M. Schneider, München*
Kohlebogenlampen für Aufnahme und Kopie
*1955, 48 Seiten, 21 Abb., 3 Tabellen, DM 10,60*

HEFT 193
*Prof. Dr. O. Schmitz-DuMont, Bonn*
Untersuchungen über neue Pigmentfarbstoffe
*in Vorbereitung*

HEFT 194
*Dr. K. Hecht, Köln*
Entwicklung neuartiger physikalischer Unterrichtsgeräte
*1955, 42 Seiten, 16 Abb., DM 9,90*

HEFT 195
*Dr.-Ing. E. Rößger, Köln*
Gedanken über einen neuen deutschen Luftverkehr
*1955, 342 Seiten, 29 Abb., 122 Tabellen, DM 50,—*

HEFT 196
*Dipl.-Ing. W. Rohs und Text.-Ing. H. Griese, Bielefeld*
Auswirkungen von Garnfehlern bei der Verarbeitung von Leinengarnen
*1955, 36 Seiten, 3 Abb., 6 Tabellen, DM 7,80*

HEFT 197
*Dr. E. Wedekind, Krefeld*
Untersuchungen zur Bestimmung der optimalen Arbeitsplatzgröße bei Mehrstuhlarbeit in der Weberei
*1955, 92 Seiten, 34 Abb., 18,50*

HEFT 198
*Prof. Dr. J. Weissinger, Karlsruhe*
Zur Aerodynamik des Ringflügels. Die Druckverteilung dünner, fast drehsymmetrischer Flügel in Unterschallströmung
*1955, 42 Seiten, 5 Abb., DM 9,—*

HEFT 199
*Textilforschungsanstalt Krefeld*
Die Messung von Gewebetemperaturen mittels Temperaturstrahlung
*1955, 50 Seiten, 12 Abb., DM 10,90*

HEFT 200
*R. Seipenbusch, Langenberg (Rhld.)*
Spitzengas durch Zusatz von Flüssiggas-, Wassergas- und Flüssiggas-Generatorgas-Gemischen zu Stadtgas
*1955, 48 Seiten, 21 Tabellen, DM 10,35*

HEFT 201
*Dr.-Ing. E. W. Pleines, Frankfurt/Main*
Die Sicherheit im Luftverkehr
*in Vorbereitung*

HEFT 202
*Dipl.-Ing. D. Fiecke, Stuttgart/Zuffenhausen*
Die Bestimmung der Flugzeugpolaren für Entwurfszwecke. I. Teil: Unterlagen
*in Vorbereitung*

HEFT 203
*Dr. G. Wandel, Bonn*
Uferbewachsung und Lebendverbauung an den Nordwestdeutschen Kanälen und ihren Zuflüssen sowie an der Ruhr
*in Vorbereitung*

HEFT 204
*Dipl.-Ing. B. Naendorf, Langenberg (Rhld.)*
Bestimmung der Brenneigenschaften und des Brennverhaltens verschiedener Gasarten und Einfluß verschiedener Düsengestaltung
*1955, 32 Seiten, DM 7,10*

HEFT 205
*Dr. C. Schaarwächter, Düsseldorf*
Über plastische Kupfer-, Eisen-, Phosphor-Legierungen
*in Vorbereitung*

HEFT 206
*Dr. P. Holemann, Ing. R. Hasselmann und Ing. G. Dix, Dortmund*
Untersuchungen über die Vorgänge bei der Zersetzung von in Azeton gelöstem Azetylen
*in Vorbereitung*

HEFT 207
*Prof. Dr.-Ing. H. Opitz, Dipl.-Ing. K. H. Fröhlich und Dipl.-Ing. H. Siebel*
Richtwerte für das Fräsen von unlegierten und legierten Baustählen mit Hartmetall. I. Teil
*in Vorbereitung*

HEFT 208
*Prof. Dr.-Ing. H. Müller, Essen*
Untersuchung von Elektrowärmegeräten für Laienbedienung hinsichtlich Sicherheit und Gebrauchsfähigkeit. I. Untersuchungen an Kochplatten
*in Vorbereitung*

HEFT 209
*Dr. K. Bunge, Leverkusen*
Materialabbau in Funkenentladungen. Untersuchungen an Zinkkathoden
*in Vorbereitung*

HEFT 210
*Dr. W. Porschen und Prof. Dr. W. Riezler, Bonn*
Langlebige Alphaaktivitäten bei natürlichen Elementen
*1955, 40 Seiten, 5 Abb., 4 Tabellen, DM 8,80*

HEFT 211
*Prof. Dipl.-Ing. W. Sturtzel und Dr.-Ing. W. Graff, Duisburg*
Die Versuchsanstalt für Binnenschiffbau, Duisburg
*in Vorbereitung*

HEFT 212
*Dipl.-Ing. H. Spodig, Selm*
Untersuchung zur Anwendung der Dauermagnete in der Technik
*1955, 44 Seiten, 25 Abb., DM 9,80*

HEFT 213
*Dipl.-Ing. K. F. Rittinghaus, Aachen*
Zusammenstellung eines Meßwagens für Bau- und Raumakustik
*in Vorbereitung*

HEFT 214
*Dr.-Ing. J. Endres, München*
Berechnung der optimalen Leistung, Kraftstoffverbräuche und Wirkungsgrade von Einkreis-Turbolader-Strahltriebwerken am Boden und in der Höhe bei Fluggeschwindigkeiten von 0–2 000 km/h
*in Vorbereitung*

HEFT 215
*Prof. Dr.-Ing. H. Opitz und Dr.-Ing. W. Weber, Aachen*
Einfluß der Wärmebehandlung von Baustählen auf Spanentstehungen, Schnittkraft- und Standzeitverhalten
*in Vorbereitung*

HEFT 216
*Dr. E. Kloth, Köln*
Untersuchungen über die Ausbreitung kurzer Schallimpulse bei der Materialprüfung mit Ultraschall
*in Vorbereitung*

HEFT 217
*Rationalisierungskuratorium der Deutschen Wirtschaft (RKW), Frankfurt/Main*
Typenvielzahl bei Haushaltgeräten und Möglichkeiten einer Beschränkung
*in Vorbereitung*

HEFT 218
*Dr. F. Keune, Aachen*
Bericht über eine Theorie der Strömung um Rotationskörper ohne Anstellung bei Machzahl Eins
*1955, 40 Seiten, 8 Abb., 5 Formelblätter, DM 8,80*

HEFT 219
*Prof. Dr. W. Fuchs, Aachen*
Untersuchungen zur Holzabfallverwertung und zur Chemie des Lignins
*1955, 54 Seiten, 11 Abb., 15 Tabellen, DM 11,40*

**WESTDEUTSCHER VERLAG · KÖLN UND OPLADEN**

HEFT 220
*Prof. Dr. W. Fuchs, Aachen*
Die Entwicklung neuer Regel- und Kontroll-
Apparate zur coulometrischen Analyse
*in Vorbereitung*

HEFT 221
*Prof. Dr. W. Meyer-Eppler, Bonn*
Experimentelle Untersuchungen zum Mechanismus
von Stimme und Gehör in der lautsprachlichen
Kommunikation
*1955, 56 Seiten, 24 Abb., DM 13,45*

HEFT 222
*Dr. L. Köllner, Münster, und Dipl.-Volkswirt
M. Kaiser, Bochum*
Die internationale Wettbewerbsfähigkeit der west-
deutschen Wollindustrie
*in Vorbereitung*

HEFT 223
*Dr.-Ing. K. Alberti und Dr. F. Schwarz, Köln*
Über das Problem Hartbrand-Weichbrand
*in Vorbereitung*

HEFT 224
*Dipl.-Ing. H. Stüdeman und
Ing. R. Beu, Solingen*
Verfahren zur Prüfung der Korrosionsbeständig-
keit von Messerklingen aus rostfreiem Stahl
*in Vorbereitung*

HEFT 225
*Dr.-Ing. E. Barz, Remscheid*
Der Spannungszustand von Gattersägeblättern
*in Vorbereitung*

HEFT 226
*Technisch-wissenschaftliches Büro für die Bastfaser-
industrie, Bielefeld*
Untersuchungen zur Verbesserung des Leinenwebstuhles IV
Die Wirkung verschiedener Kettbaumbremsen auf
die Verwebung von Leinengarnen
*in Vorbereitung*

HEFT 227
*Prof. Dr. F. Wever, Düsseldorf und Dr. W. Wepner,
Köln*
Untersuchung der Alterungsneigung von weichen
unlegierten Stählen durch Härteprüfung bei Temperaturen bis 300 Grad C
*in Vorbereitung*

HEFT 228
*Prof. Dr. F. Wever, Dr. W. Koch, Düsseldorf
und Dr. B. A. Steinkopf, Dortmund*
Spektrochemische Grundlagen der Analyse von Ge-
mischen aus Kohlenmonoxyd, Wasserstoff und
Stickstoff
*in Vorbereitung*

HEFT 229
*Prof. Dr. F. Wever, Dr. W. Koch und
Dr.-Ing. H. Malissa, Düsseldorf*
Über die Anwendung disubstituierter Dithiocarba-
mate der analytischen Chemie
*in Vorbereitung*

HEFT 230
*Prof. Dr. F. Wever, Düsseldorf und Dr. W. Wepner,
Köln*
Bestimmung kleiner Kohlenstoffgehalte im Alpha-
Eisen durch Dämpfungsmessung
*in Vorbereitung*

HEFT 231
*Dr.-Ing. W. Kuch, Dortmund*
Über die Wechselwirkung zwischen Holzschutz-
behandlung und Verleimung
*in Vorbereitung*

HEFT 232
*Prof. Dr.-Ing. O. Kienzle, Hannover und
Dr.-Ing. H. Munnich, Schweinfurt*
Feststellung der Spannungen und Dehnungen und
Bruchdrehzahlen der unter Fliehkraft und Bearbei-
tungskraft beanspruchten Schleifkörper
*in Vorbereitung*

HEFT 233
*Dr. H. Haase, Hamburg*
Infrarot-Bibliographie
*in Vorbereitung*

HEFT 234
*Dr.-Ing. K. G. Speith und Dr.-Ing. A. Bungeroth,
Duisburg*
Versuche zur Steigerung des Kokillen-Schluck-
vermögens beim Stranggießen von Stahl
*in Vorbereitung*

HEFT 235
*Prof. Dr.-Ing. K. Leist und
Dipl.-Ing. W. Dettmering, Aachen*
Turbinenschaufeln aus Kunststoff für Kaltluft-
versuchsanlagen
*in Vorbereitung*

HEFT 236
*Dr.-Ing. O. Viertel und S. Lucas, Krefeld*
Ergebnisse einer Hausfrauenbefragung über Wasch-
einrichtungen und Waschmethoden in städtischen
Haushaltungen
*in Vorbereitung*

HEFT 237
*Dr. P. Endler und Dr. H. Ludes, Köln*
Bericht über eine Studienreise zur Orientierung der
heutigen Behandlung der Lungentuberkulose in den
Vereinigten Staaten von Nordamerika
*in Vorbereitung*

HEFT 238
*Institut für textile Meßtechnik, M.-Gladbach, e. V.*
Untersuchung der Verzugsvorgange an den Streckwerken verschiedener Spinnereimaschinen. 3. Bericht: Theoretische Betrachtungen über den Einfluß schlagender Zylinder und Druckrollen
*in Vorbereitung*

HEFT 239
*Prof. Dr.-Ing. K. Leist und Dipl.-Ing. H. Scheele
Aachen und Dipl.-Ing. F. H. Flottmann, Herne*
Versuche an einem neuartigen luftgekühlten Hoch-
leistungs-Kolbenkompressor
*in Vorbereitung*

HEFT 240
*Prof. Dr.-Ing. K. Leist und Dipl.-Ing. H. Scheele,
Aachen*
Temperaturmessungen an einem einstufigen luftgekühlten 4-Zylinder-Kolbenkompressor mit Kühl-
gebläse
*in Vorbereitung*

HEFT 241
*Prof. Dr.-Ing. K. Leist und Dipl.-Ing. M. Potke,
Aachen*
Leistungsversuche an einem Kühlluftgebläse
*in Vorbereitung*

HEFT 242
*Prof. Dr.-Ing. K. Leist und Dipl.-Ing. K. Graf,
Aachen*
Straßenfahrzeuge mit Gasturbinenantrieb
*in Vorbereitung*

HEFT 243
*Prof. Dr.-Ing. K. Leist und Dipl.-Ing. S. Förster,
Aachen*
Die französische Kleingasturbine Artouste —
1. Teil
*in Vorbereitung*

HEFT 244
*Prof. Dr. F. Wever, Dr. W. Koch und
Dr. S. Eckhard, Düsseldorf*
Erfahrungen mit der spektrochemischen Analyse
von Gefügebestandteilen des Stahles
*in Vorbereitung*

HEFT 245
*Prof. Dr.-Ing. K. Krekeler, Aachen*
Das Verbinden von Metallen durch Kunstharz-
kleber. Teil I: Eigenschaften und Verwendung der
Metallklebstoffe
*in Vorbereitung*

HEFT 246
*Prof. Dr.-Ing. K. Krekeler, Aachen*
Das Verbinden von Metallen durch Kunstharz-
kleber. Teil II: Untersuchungen an geklebten
Leichtmetall-Verbindungen
*in Vorbereitung*

HEFT 247
*Dr. H. Söhngen, Darmstadt*
Strömung vor einem Überschall-Laufrad
*in Vorbereitung*

HEFT 248
*Rheinische Aktiengesellschaft für Braunkohlenberg-
bau und Brikettfabrikation, Köln*
Untersuchung der Bindemitteleigenschaften von
Braunkohlenfilteraschen
*in Vorbereitung*

HEFT 249
*Dr. M.-E. Meffert, Essen*
Weitere Kulturversuche Scenedesmus obliquus
*in Vorbereitung*

HEFT 250
*Dr. F. Schwarz und Dr.-Ing. K. Alberti, Köln*
Entwicklung von Untersuchungsverfahren zur Gütebeurteilung von Industriekalken
*in Vorbereitung*

HEFT 251
*Prof. Dr. H. Bittel, Münster*
Zur Statistik der ferromagnetischen Elementar-
vorgänge und ihren Einfluß auf das Barkhausen-
rauschen
*in Vorbereitung*

HEFT 252
*Dipl.-Ing. H. Frings, Geilenkirchen*
Die Wirkung abfallender Wetterführung auf
Wettertemperatur, Grubengasgehalt und Staub-
bildung
*in Vorbereitung*

HEFT 253
*Dipl.-Ing. S. Schirmanski, Berghausen*
Stand und Auswertung der Forschungsarbeiten
über Temperatur- und Feuchtigkeitsgrenzen bei der
bergmännischen Arbeit
*in Vorbereitung*

HEFT 254
*Prof. Dr. R. Danneel, Bonn*
Quantitative Untersuchungen über die Entwicklung
des Ehrlich-Ascitestumors bei Inzuchtmäusen
*in Vorbereitung*

HEFT 255
*Ing. W. v. Schlippe, Bad Nauheim*
Strömung von Flüssigkeiten mit temperaturabhän-
giger Zähigkeit (Kühlung von Ölen)
*in Vorbereitung*

HEFT 256
*Prof. Dr. C. Schmieden und
Dipl.-Math. K. H. Müller, Darmstadt*
Die Strömung einer Quellstrecke im Halbraum —
eine strenge Lösung der Navier-Stokes-Gleichun-
gen
*in Vorbereitung*

HEFT 257
*Prof. Dr. G. Lehmann und Dr. J. Tamm, Dortmund*
Die Beeinflussung vegetativer Funktionen des
Menschen durch Geräusche
*in Vorbereitung*

HEFT 258
*Dr. H. Paul, Linz/Rhein und Prof. Dr. O. Graf,
Dortmund*
Zur Frage der Unfälle im Bergbau
*in Vorbereitung*

HEFT 259
*Prof. D. W. Linke, Aachen*
Strömungsvorgänge in künstlich belüfteten Räumen
*in Vorbereitung*

HEFT 260
*Prof. Dr. W. Kast, Freiburg/Br., Prof. Dr. H. A.
Stuart und Dipl.-Phys. H. G. Fendler, Hannover*
Lichtzerstreuungsmessungen an Lösungen hochpoly-
merer Stoffe
*in Vorbereitung*

HEFT 261
*Prof. Dr. W. Kast, Freiburg/Br.*
Feinstruktur-Untersuchungen an künstlichen Zellu-
losefasern verschiedener Herstellungsverfahren.
Teil II: Der Kristallisationszustand
*in Vorbereitung*

HEFT 262
*Dr.-Ing. W. Batel, Aachen*
Untersuchungen zur Absiebung feuchter, feinkörni-
ger Haufwerke und Schwingsieben
*in Vorbereitung*

HEFT 263
*Prof. Dr. H. Lange und Dipl.-Phys. R. Kohlhaas,
Köln*
Über die Wärmefähigkeit von Stählen bei hohen
Temperaturen. Teil I: Literaturbericht
*in Vorbereitung*

HEFT 264
*Prof. Dr. W. Weizel, Bonn*
Durch schnelle Funkenzusammenbrüche ausgelöste
Signale auf einer Leitung
*in Vorbereitung*

HEFT 265
*Prof. Dr. F. Micheel und Dr. R. Engel, Münster*
Eine Apparatur zur elektrophoretischen Trennung
von Stoffgemischen
*in Vorbereitung*

HEFT 266
*Fliesen-Beratungsstelle Bad Godesberg-Mehlem*
Güteeigenschaften keramischer Wand- und Boden-
fliesen und deren Prüfmethoden
*in Vorbereitung*

HEFT 267
*Prof. Dr. W. Weizel und B. Brandt, Bonn*
Zur Stabilität stromstarker Glimmentladungen
*in Vorbereitung*

HEFT 268
*Prof. Dr.-Ing G. Vogelpohl, Göttingen*
Über die Tragfähigkeit von Gleitlagern und ihre
Berechnung
*in Vorbereitung*

---

WESTDEUTSCHER VERLAG · KÖLN UND OPLADEN

## Berichtigung

Mit Wirkung vom 1. März 1956 wurden die Ladenpreise der natur- und geisteswissenschaftlichen Veröffentlichungen der Arbeitsgemeinschaft für Forschung des Landes Nordrhein-Westfalen um ca. 25 % ermäßigt.

# VERÖFFENTLICHUNGEN DER ARBEITSGEMEINSCHAFT FÜR FORSCHUNG DES LANDES NORDRHEIN-WESTFALEN

## NATURWISSENSCHAFTEN

Im Auftrage des Ministerpräsidenten Karl Arnold
herausgegeben von Staatssekretär Prof. Leo Brandt

**HEFT 1**
*Prof. Dr.-Ing. Friedrich Seewald, Aachen*
Neue Entwicklungen auf dem Gebiet der Antriebsmaschinen
*Prof. Dr.-Ing. Friedrich A. F. Schmidt, Aachen*
Technischer Stand und Zukunftsaussichten der Verbrennungsmaschinen, insbesondere der Gasturbinen
*Dr.-Ing. Rudolf Friedrich, Mülheim (Ruhr)*
Möglichkeiten und Voraussetzungen der industriellen Verwertung der Gasturbine
*1951, 52 Seiten, 15 Abb., kartoniert, DM 4,25*

**HEFT 2**
*Prof. Dr.-Ing. Wolfgang Riezler, Bonn*
Probleme der Kernphysik
*Prof. Dr. Fritz Micheel, Münster*
Isotope als Forschungsmittel in der Chemie und Biochemie
*1951, 40 Seiten, 10 Abb., kartoniert, DM 3,20*

**HEFT 3**
*Prof. Dr. Emil Lehnartz, Münster*
Der Chemismus der Muskelmaschine
*Prof. Dr. Gunther Lehmann, Dortmund*
Physiologische Forschung als Voraussetzung der Bestgestaltung der menschlichen Arbeit
*Prof. Dr. Heinrich Kraut, Dortmund*
Ernährung und Leistungsfähigkeit
*1951, 60 Seiten, 35 Abb., kartoniert, DM 5,—*

**HEFT 4**
*Prof. Dr. Franz Wever, Düsseldorf*
Aufgaben der Eisenforschung
*Prof. Dr.-Ing. Hermann Schenck, Aachen*
Entwicklungslinien des deutschen Eisenhüttenwesens
*Prof. Dr.-Ing. Max Haas, Aachen*
Wirtschaftliche Bedeutung der Leichtmetalle und ihre Entwicklungsmöglichkeiten
*1952, 60 Seiten, 20 Abb., kartoniert, DM 6,—*

**HEFT 5**
*Prof. Dr. Walter Kikuth, Düsseldorf*
Virusforschung
*Prof. Dr. Rolf Danneel, Bonn*
Fortschritte der Krebsforschung
*Prof. Dr. Dr. Werner Schulemann, Bonn*
Wirtschaftliche und organisatorische Gesichtspunkte für die Verbesserung unserer Hochschulforschung
*1952, 50 Seiten, 2 Abb., kartoniert, DM 4,—*

**HEFT 6**
*Prof. Dr. Walter Weizel, Bonn*
Die gegenwärtige Situation der Grundlagenforschung in der Physik
*Prof. Dr. Siegfried Strugger, Münster*
Das Duplikantenproblem in der Biologie
*Direktor Dr. Fritz Gummert, Essen*
Überlegungen zu den Faktoren Raum und Zeit im biologischen Geschehen und Möglichkeiten einer Nutzanwendung
*1952, 64 Seiten, 20 Abb., kartoniert, DM 4,—*

**HEFT 7**
*Prof. Dr.-Ing. August Gotte, Aachen*
Steinkohle als Rohstoff und Energiequelle
*Prof. Dr. Dr. E. h. Karl Ziegler, Mülheim (Ruhr)*
Über Arbeiten des Max-Planck-Institutes für Kohlenforschung
*1953, 66 Seiten, 4 Abb., kartoniert, DM 4,75*

**HEFT 8**
*Prof. Dr.-Ing. Wilhelm Fucks, Aachen*
Die Naturwissenschaft, die Technik und der Mensch
*Prof. Dr. Walther Hoffmann, Münster*
Wirtschaftliche und soziologische Probleme des technischen Fortschritts
*1952, 84 Seiten, 12 Abb., kartoniert, DM 6,50*

**HEFT 9**
*Prof. Dr.-Ing. Franz Bollenrath, Aachen*
Zur Entwicklung warmfester Werkstoffe
*Prof. Dr. Heinrich Kaiser, Dortmund*
Stand spektralanalytischer Prüfverfahren und Folgerung für deutsche Verhältnisse
*1952, 100 Seiten, 62 Abb., kartoniert, DM 7,50*

**HEFT 10**
*Prof. Dr. Hans Braun, Bonn*
Möglichkeiten und Grenzen der Resistenzzüchtung
*Prof. Dr. Carl Heinrich Dencker, Bonn*
Der Weg der Landwirtschaft von der Energieautarkie zur Fremdenergie
*1952, 74 Seiten, 23 Abb., kartoniert, DM 6,80*

**HEFT 11**
*Prof. Dr.-Ing. Herwart Opitz, Aachen*
Entwicklungslinien der Fertigungstechnik in der Metallbearbeitung
*Prof. Dr.-Ing. Karl Krekeler, Aachen*
Stand und Aussichten der schweißtechnischen Fertigungsverfahren
*1952, 72 Seiten, 49 Abb., kartoniert, DM 6,40*

**HEFT 12**
*Dr. Hermann Rathert, Wuppertal-Elberfeld*
Entwicklung auf dem Gebiet der Chemiefaser-Herstellung
*Prof. Dr. Wilhelm Weltzien, Krefeld*
Rohstoff und Veredlung in der Textilwirtschaft
*1952, 84 Seiten, 29 Abb., kartoniert, DM 7,—*

**HEFT 13**
*Dr.-Ing. E. h. Karl Herz, Frankfurt a. M.*
Die technischen Entwicklungstendenzen im elektrischen Nachrichtenwesen
*Staatssekretär Prof. Leo Brandt, Düsseldorf*
Navigation und Luftsicherung
*1952, 102 Seiten, 97 Abb., kartoniert, DM 9,75*

**HEFT 14**
*Prof. Dr. Burckhardt Helferich, Bonn*
Stand der Enzymchemie und ihre Bedeutung
*Prof. Dr. Hugo Wilhelm Knipping, Köln*
Ausschnitt aus der klinischen Carcinomforschung am Beispiel des Lungenkrebses
*1952, 72 Seiten, 12 Abb., kartoniert, DM 6,25*

**HEFT 15**
*Prof. Dr. Abraham Esau †, Aachen*
Ortung mit elektrischen und Ultraschallwellen in Technik und Natur
*Prof. Dr.-Ing. Eugen Flegler, Aachen*
Die ferromagnetischen Werkstoffe der Elektrotechnik und ihre neueste Entwicklung
*1953, 84 Seiten, 25 Abb., kartoniert, DM 6,25*

**HEFT 16**
*Prof. Dr. Rudolf Seyffert, Köln*
Die Problematik der Distribution
*Prof. Dr. Theodor Beste, Köln*
Der Leistungslohn
*1952, 70 Seiten, 1 Abb., kartoniert, DM 4,50*

**HEFT 17**
*Prof. Dr.-Ing. Friedrich Seewald, Aachen*
Luftfahrtforschung in Deutschland und ihre Bedeutung für die allgemeine Technik
*Prof. Dr.-Ing. Edouard Houdremont, Essen*
Art und Organisation der Forschung in einem Industrieforschungsinstitut der Eisenindustrie
*1953, 90 Seiten, 4 Abb., kartoniert, DM 5,50*

**HEFT 18**
*Prof. Dr. Dr. Werner Schulemann, Bonn*
Theorie und Praxis pharmakologischer Forschung
*Prof. Dr. Wilhelm Groth, Bonn*
Technische Verfahren zur Isotopentrennung
*1953, 72 Seiten, 17 Abb., kartoniert, DM 5,—*

**HEFT 19**
*Dipl.-Ing. Kurt Traenckner, Essen*
Entwicklungstendenzen der Gaserzeugung
*1953, 26 Seiten, 12 Abb., kartoniert, DM 2,50*

**HEFT 20**
*M. Zvegintzow, London*
Wissenschaftliche Forschung und die Auswertung ihrer Ergebnisse
Ziel und Tätigkeit der National Research Development Corporation
*Dr. Alexander King, London*
Wissenschaft und internationale Beziehungen
*1954, 88 Seiten, kartoniert, DM 4,60*

**HEFT 21**
*Prof. Dr. Robert Schwarz, Aachen*
Wesen und Bedeutung der Silicium-Chemie
*Prof. Dr. Dr. h. c. Kurt Alder, Köln*
Fortschritte in der Synthese von Kohlenstoffverbindungen
*1954, 76 Seiten, 49 Abb., kartoniert, DM 5,20*

**HEFT 21a**
*Prof. Dr. Dr. h. c. Otto Hahn, Göttingen*
Die Bedeutung der Grundlagenforschung für die Wirtschaft
*Prof. Dr. Siegfried Strugger, Münster*
Die Erforschung des Wasser- und Nahrsalztransportes im Pflanzenkörper mit Hilfe der fluoreszenzmikroskopischen Kinematographie
*1953, 74 Seiten, 26 Abb., kartoniert, DM 5,80*

**HEFT 22**
*Prof. Dr. Johannes von Allesch, Göttingen*
Die Bedeutung der Psychologie im öffentlichen Leben
*Prof. Dr. Otto Graf, Dortmund*
Triebfedern menschlicher Leistung
*1953, 80 Seiten, 19 Abb., kartoniert, DM 4,80*

**HEFT 23**
*Prof. Dr. Dr. h. c. Bruno Kuske, Köln*
Zur Problematik der wirtschaftswissenschaftlichen Raumforschung
*Prof. Dr.-Ing. E. h. Stephan Prager, Düsseldorf*
Städtebau und Landesplanung
*1954, 84 Seiten, kartoniert, DM 4,—*

**HEFT 24**
*Prof. Dr. Rolf Danneel, Bonn*
Über die Wirkungsweise der Erbfaktoren
*Prof. Dr. Kurt Herzog, Krefeld*
Bewegungsbedarf der menschlichen Gliedmaßengelenke bei der Berufsarbeit
*1953, 76 Seiten, 18 Abb., kartoniert, DM 4,80*

WESTDEUTSCHER VERLAG · KÖLN UND OPLADEN

### HEFT 25
*Prof. Dr. Otto Haxel, Heidelberg*
Energiegewinnung aus Kernprozessen
*Dr.-Ing. Dr. Max Wolf, Düsseldorf*
Gegenwartsprobleme der energiewirtschaftlichen Forschung
*1953, 98 Seiten, 27 Abb., kartoniert, DM 6,25*

### HEFT 26
*Prof. Dr. Friedrich Becker, Bonn*
Ultrakurzwellenstrahlung aus dem Weltraum
*Dr. Hans Straßl, Bonn*
Bemerkenswerte Doppelsterne und das Problem der Sternentwicklung
*1954, 70 Seiten, 8 Abb., kartoniert, DM 4,—*

### HEFT 27
*Prof. Dr. Heinrich Behnke, Münster*
Der Strukturwandel der Mathematik in der ersten Hälfte des 20. Jahrhunderts
*Prof. Dr. Emanuel Sperner, Hamburg*
Eine mathematische Analyse der Luftdruckverteilungen in großen Gebieten
*in Vorbereitung*

### HEFT 28
*Prof. Dr. Oskar Niemczyk, Aachen*
Die Problematik gebirgsmechanischer Vorgänge im Steinkohlenbergbau
*Prof. Dr. Wilhelm Ahrens, Krefeld*
Die Bedeutung geologischer Forschung für die Wirtschaft, besonders in Nordrhein-Westfalen
*1955, 96 Seiten, 12 Abb., kartoniert, DM 6,40*

### HEFT 29
*Prof. Dr. Bernhard Rensch, Münster*
Das Problem der Residuen bei Lernleistungen
*Prof. Dr. Hermann Fink, Köln*
Über Leberschäden bei der Bestimmung des biologischen Wertes verschiedener Eiweiße von Mikroorganismen
*1954, 96 Seiten, 23 Abb., kartoniert, DM 6,—*

### HEFT 30
*Prof. Dr.-Ing. Friedrich Seewald, Aachen*
Forschungen auf dem Gebiete der Aerodynamik
*Prof. Dr.-Ing. Karl Leist, Aachen*
Einige Forschungsarbeiten aus der Gasturbinentechnik
*1955, 98 Seiten, 45 Abb., kartoniert, DM 8,80*

### HEFT 31
*Prof. Dr.-Ing. Dr. h. c. Fritz Mietzsch, Wuppertal*
Chemie und wirtschaftliche Bedeutung der Sulfonamide
*Prof. Dr. Dr. h. c. Gerhard Domagk, Wuppertal*
Die experimentellen Grundlagen der bakteriellen Infektionen
*1954, 82 Seiten, 2 Abb., kartoniert, DM 5,25*

### HEFT 32
*Prof. Dr. Hans Braun, Bonn*
Die Verschleppung von Pflanzenkrankheiten und -schädigungen über die Welt
*Prof. Dr. Wilhelm Rudorf, Voldagsen*
Der Beitrag von Genetik und Züchtung zur Bekämpfung von Viruskrankheiten der Nutzpflanzen
*1953, 88 Seiten, 36 Abb., kartoniert, DM 6,75*

### HEFT 33
*Prof. Dr.-Ing. Volker Aschoff, Aachen*
Probleme der elektroakustischen Einkanalübertragung
*Prof. Dr.-Ing. Herbert Döring, Aachen*
Erzeugung und Verstärkung von Mikrowellen
*1954, 74 Seiten, 23 Abb., kartoniert, DM 4,50*

### HEFT 34
*Geheimrat Prof. Dr. Dr. Rudolf Schenck, Aachen*
Bedingungen und Gang der Kohlenhydratsynthese im Licht
*Prof. Dr. Emil Lehnartz, Münster*
Die Endstufen des Stoffabbaues im Organismus
*1954, 80 Seiten, 11 Abb., kartoniert, DM 5,50*

### HEFT 35
*Prof. Dr.-Ing. Hermann Schenck, Aachen*
Gegenwartsprobleme der Eisenindustrie in Deutschland
*Prof. Dr.-Ing. Eugen Piwowarsky †, Aachen*
Geloste und ungeloste Probleme im Gießereiwesen
*1954, 110 Seiten, 67 Abb., kartoniert, DM 9,—*

### HEFT 36
*Prof. Dr. Wolfgang Riezler, Bonn*
Teilchenbeschleuniger
*Prof. Dr. Gerhard Schubert, Hamburg*
Anwendung neuer Strahlenquellen in der Krebstherapie
*1954, 104 Seiten, 43 Abb., kartoniert, DM 8,20*

### HEFT 37
*Prof. Dr. Franz Lotze, Münster*
Probleme der Gebirgsbildung
*Bergwerksdirektor Bergassessor a.D. G. Rauschenbach, Essen*
Die Erhaltung der Förderungskapazität des Ruhrbergbaues auf lange Sicht
*in Vorbereitung*

### HEFT 38
*Dr. E. Colin Cherry, London*
Kybernetik
*Prof. Dr. Erich Pietsch, Clausthal-Zellerfeld*
Dokumentation und mechanisches Gedächtnis — zur Frage der Ökonomie der geistigen Arbeit
*1954, 108 Seiten, 31 Abb., kartoniert, DM 7,20*

### HEFT 39
*Dr. Heinz Haase, Hamburg*
Infrarot und seine technischen Anwendungen
*Prof. Dr. Abraham Esau †, Aachen*
Ultraschall und seine technischen Anwendungen
*1955, 80 Seiten, 25 Abb., kartoniert, DM 6,20*

### HEFT 40
*Bergassessor Fritz Lange, Bochum-Hordel*
Die wirtschaftliche und soziale Bedeutung der Silikose im Bergbau
*Prof. Dr. Walter Kikuth, Düsseldorf*
Die Entstehung der Silikose und ihre Verhütungsmaßnahmen
*1954, 120 Seiten, 40 Abb., kartoniert, DM 9,50*

### HEFT 40a
*Prof. Dr. Eberhard Gross, Bonn*
Berufskrebs und Krebsforschung
*Prof. Dr. Hugo Wilhelm Knipping, Köln*
Die Situation der Krebsforschung vom Standpunkt der Klinik
*1955, 88 Seiten, 31 Abb., kartoniert, DM 6,70*

### HEFT 41
*Direktor Dr.-Ing. Gustav-Victor Lachmann, London*
An einer neuen Entwicklungsschwelle im Flugzeugbau
*Direktor Dr.-Ing. A. Gerber, Zürich-Oerlikon*
Stand der Entwicklung der Raketen- und Lenktechnik
*1955, 88 Seiten, 44 Abb., kartoniert, DM 8,40*

### HEFT 42
*Prof. Dr. Theodor Kraus, Köln*
Lokalisationsphänomene und Raumordnung vom Standpunkt der geographischen Wissenschaft
*Direktor Dr. Fritz Gummert, Essen*
Vom Ernährungsversuchsfeld der Kohlenstoffbiologischen Forschungsstation Essen
*in Vorbereitung*

### HEFT 42a
*Prof. Dr. Dr. h. c. Gerhard Domagk, Wuppertal*
Fortschritte auf dem Gebiet der experimentellen Krebsforschung
*1954, 46 Seiten, kartoniert, DM 2,60*

### HEFT 43
*Prof. Dr. Giovanni Lampariello, Rom*
Über Leben und Werk von Heinrich Hertz
*Prof. Dr. Walter Weizel, Bonn*
Über das Problem der Kausalität in der Physik
*1955, 76 Seiten, kartoniert, DM 4,40*

### HEFT 43a
*Prof. Dr. José Mª Albareda, Madrid*
Die Entwicklung der Forschung in Spanien
*in Vorbereitung*

### HEFT 44
*Prof. Dr. Burckhardt Helferich, Bonn*
Über Glykoside
*Prof. Dr. Fritz Micheel, Münster*
Kohlenhydrat-Eiweiß-Verbindungen und ihre biochemische Bedeutung
*in Vorbereitung*

### HEFT 45
*Prof. Dr. John von Neumann, Princeton, USA*
Entwicklung und Ausnutzung neuerer mathematischer Maschinen
*Prof. Dr. E. Stiefel, Zürich*
Rechenautomaten im Dienste der Technik mit Beispielen aus dem Zürcher Institut für angewandte Mathematik
*1955, 74 Seiten, 6 Abb., kartoniert, DM 4,80*

### HEFT 46
*Prof. Dr. Wilhelm Weltzien, Krefeld*
Ausblick auf die Entwicklung synthetischer Fasern
*Prof. Dr. Walther Hoffmann, Münster*
Wachstumsformen der Industriewirtschaft
*in Vorbereitung*

### HEFT 47
*Staatssekretär Prof. Leo Brandt, Düsseldorf*
Die praktische Förderung der Forschung in Nordrhein-Westfalen
*Prof. Dr. Ludwig Raiser, Bad Godesberg*
Die Förderung der angewandten Forschung durch die Deutsche Forschungsgemeinschaft
*in Vorbereitung*

### HEFT 48
*Dr. Hermann Tromp, Rom*
Bestandsaufnahme der Wälder der Welt als internationale und wissenschaftliche Aufgabe
*Prof. Dr. Franz Heske, Schloß Reinbek*
Die Wohlfahrtswirkungen des Waldes als internationales Problem
*in Vorbereitung*

### HEFT 49
*Präsident Dr. G. Böhnecke, Hamburg*
Zeitfragen der Ozeanographie
*Reg.-Direktor Dr. H. Gabler, Hamburg*
Nautische Technik und Schiffssicherheit
*1955, 120 Seiten, 49 Abb., kartoniert, DM 10,20*

### HEFT 50
*Prof. Dr.-Ing. Friedrich A. F. Schmidt, Aachen*
Probleme der Selbstzündung und Verbrennung bei der Entwicklung der Hochleistungskraftmaschinen
*Prof. Dr.-Ing. A. W. Quick, Aachen*
Ein Verfahren zur Untersuchung des Austauschvorganges in verwirbelten Strömungen hinter Körpern mit abgelöster Strömung
*in Vorbereitung*

### HEFT 51
*Prof. Dr. Siegfried Strugger, Münster*
Struktur, Entwicklungsgeschichte und Physiologie der Chloroplasten
*Direktor Dr. J. Patzold, Erlangen*
Therapeutische Anwendung mechanischer und elektrischer Energie
*in Vorbereitung*

### HEFT 52
*Mr. Patmore, London*
Lufttüchtigkeit und technische Prüfung der Flugzeuge in England
*Pro. A. D. Young, Cranfield*
Die Ausbildung des Ingenieurnachwuchses auf dem Luftfahrtgebiet in England
*in Vorbereitung*

### JAHRESFEIER 1955
*Prof. Dr. Josef Pieper, Münster*
Über den Philosophie-Begriff Platons
*Prof. Dr. Walter Weizel, Bonn*
Die Mathematik und die physikalische Realität
*1955, 62 Seiten, kartoniert, DM 4,40*

### HEFT 52a
*Dr. D. C. Martin, London*
Geschichte und Organisation der Royal Society
*Dr. Roux, Südafrika*
Probleme der wissenschaftlichen Forschung in der Südafrikanischen Union
*in Vorbereitung*

### HEFT 53
*Prof. Dr.-Ing. Georg Schnadel, Hamburg*
Forschungsaufgaben zur Untersuchung der Festigkeitsprobleme im Schiffbau
*Prof. Dipl.-Ing. Wilhelm Sturtzel, Duisburg*
Forschungsaufgaben zur Untersuchung der Widerstandsprobleme im Schiffbau
*in Vorbereitung*

### HEFT 53a
*Prof. Dr. Giovanni Lampariello, Rom*
Von Galilei zu Einstein
*in Vorbereitung*

### HEFT 54
*Prof. Dr. Julius Bartels, Göttingen*
Sonne und Erde — das Thema des internationalen geophysikalischen Jahres
*Direktor Dr. Walter Dieminger, Lindau/Harz*
Ionosphäre und drahtloser Weitverkehr
*in Vorbereitung*

### HEFT 54a
*Sir John Cockcroft, London*
Die friedliche Anwendung der Kernenergie
*in Vorbereitung*

### HEFT 55
*Prof. Dr.-Ing. Fritz Schultz-Grunow, Aachen*
Das Kriechen und Fließen hochzäher und plastischer Stoffe
*Prof. Dr.-Ing. Hans Ebner, Aachen*
Wege und Ziele der Festigkeitsforschung besonders im Hinblick auf den Leichtbau
*in Vorbereitung*

---

**WESTDEUTSCHER VERLAG · KÖLN UND OPLADEN**

**HEFT 56**
*Prof. Dr. Ernst Derra, Düsseldorf*
Der Entwicklungsstand der Herzchirurgie
*Prof. Dr. Gunther Lehmann, Dortmund*
Muskelarbeit und Muskelermüdung in Theorie und Praxis
*in Vorbereitung*

**HEFT 57**
*Prof. Dr. Theodor von Kármán, Pasadena*
Freiheit und Organisation in der Luftfahrtforschung
*in Vorbereitung*

**HEFT 58**
*Prof. Dr. Fritz Schröter, Ulm*
Neue Forschungs- und Entwicklungsrichtungen im Fernsehen
*Prof. Dr. Albert Narath, Berlin*
Der gegenwärtige Stand der Filmtechnik
*in Vorbereitung*

# VERÖFFENTLICHUNGEN DER ARBEITSGEMEINSCHAFT FÜR FORSCHUNG DES LANDES NORDRHEIN-WESTFALEN

## GEISTESWISSENSCHAFTEN

Im Auftrage des Ministerpräsidenten Karl Arnold
herausgegeben von Staatssekretär Prof. Leo Brandt

**HEFT 1**
*Prof. Dr. Werner Richter, Bonn*
Die Bedeutung der Geisteswissenschaften für die Bildung unserer Zeit
*Prof. Dr. Joachim Ritter, Münster*
Die aristotelische Lehre vom Ursprung und Sinn der Theorie
*1953, 64 Seiten, kartoniert, DM 3,50*

**HEFT 2**
*Prof. Dr. Josef Kroll, Köln*
Elysium
*Prof. Dr. Gunther Jachmann, Köln*
Die vierte Ekloge Vergils
*1953, 72 Seiten, kartoniert, DM 3,75*

**HEFT 3**
*Prof. Dr. Hans Erich Stier, Münster*
Die klassische Demokratie
*1954, 100 Seiten, kartoniert, DM 6,—*

**HEFT 4**
*Prof. Dr. Werner Caskel, Köln*
Lihyan und Lihyanisch. Sprache und Kultur eines frühharabischen Königreiches
*1954, 168 Seiten, 6 Abb., kartoniert, DM 11,—*

**HEFT 5**
*Prof. Dr. Thomas Ohm, Münster*
Stammesreligionen im südlichen Tanganyika-Territorium
*1953, 80 Seiten, 25 Abb., kartoniert, DM 11,50*

**HEFT 6**
*Prälat Prof. Dr. Dr. h. c. Georg Schreiber, Münster*
Deutsche Wissenschaftspolitik von Bismarck bis zum Atomwissenschaftler Otto Hahn
*1954, 102 Seiten, 7 Bilder, kartoniert, DM 6,25*

**HEFT 7**
*Prof. Dr. Walter Holtzmann, Bonn*
Das mittelalterliche Imperium und die werdenden Nationen
*1953, 28 Seiten, kartoniert, DM 2,50*

**HEFT 8**
*Prof. Dr. Werner Caskel, Köln*
Die Bedeutung der Beduinen in der Geschichte der Araber
*1954, 44 Seiten, kartoniert, DM 2,75*

**HEFT 9**
*Prälat Prof. Dr. Dr. h. c. Georg Schreiber, Münster*
Irland im deutschen und abendländischen Sakralraum
*in Vorbereitung*

**HEFT 10**
*Prof. Dr. Peter Rassow, Köln*
Forschungen zur Reichsidee im 16. und 17. Jahrhundert
*1955, 32 Seiten, kartoniert, DM 1,90*

**HEFT 11**
*Prof. Dr. Hans Erich Stier, Münster*
Roms Aufstieg zur Weltherrschaft
*in Vorbereitung*

**HEFT 12**
*Prof. D. Karl Heinrich Rengstorf, Münster*
Mann und Frau im Urchristentum
*Prof. Dr. Hermann Conrad, Bonn*
Grundprobleme einer Reform des Familienrechts
*1954, 106 Seiten, kartoniert, DM 6,—*

**HEFT 13**
*Prof. Dr. Max Braubach, Bonn*
Der Weg zum 20. Juli 1944
*1953, 48 Seiten, kartoniert, DM 3,25*

**HEFT 14**
*Prof. Dr. Paul Hübinger, Münster*
Das deutsch-französische Verhältnis und seine mittelalterlichen Grundlagen
*in Vorbereitung*

**HEFT 15**
*Prof. Dr. Franz Steinbach, Bonn*
Der geschichtliche Weg des wirtschaftenden Menschen in die soziale Freiheit und politische Verantwortung
*1954, 76 Seiten, kartoniert, DM 3,80*

**HEFT 16**
*Prof. Dr. Josef Koch, Köln*
Die Ars coniecturalis des Nikolaus von Cues
*in Vorbereitung*

**HEFT 17**
*Prof. Dr. James Conant,*
*US-Hochkommissar für Deutschland*
Staatsbürger und Wissenschaftler
*Prof. D. Karl Heinrich Rengstorf, Münster*
Antike und Christentum
*1953, 48 Seiten, 2 Abb., kartoniert, DM 3,50*

**HEFT 18**
*Prof. Dr. Richard Alewyn, Köln*
Klopstocks Publikum
*in Vorbereitung*

**HEFT 19**
*Prof. Dr. Fritz Schalk, Köln*
Das Lächerliche in der französischen Literatur des Ancien Régime
*1954, 42 Seiten, kartoniert, DM 2,25*

**HEFT 20**
*Prof. Dr. Ludwig Raiser, Bad Godesberg*
Rechtsfragen der Mitbestimmung
*1954, 48 Seiten, kartoniert, DM 2,50*

**HEFT 21**
*Prof. D. Martin Noth, Bonn*
Das Geschichtsverständnis der alttestamentlichen Apokalyptik
*1953, 36 Seiten, kartoniert, DM 2,20*

**HEFT 22**
*Prof. Dr. Walter F. Schirmer, Bonn*
Glück und Ende des Könige in Shakespeares Historien
*1954, 32 Seiten, kartoniert, DM 1,60*

**HEFT 23**
*Prof. Dr. Günther Jachmann, Köln*
Der homerische Schiffskatalog und die Ilias
*in Vorbereitung*

**HEFT 24**
*Prof. Dr. Theodor Klauser, Bonn*
Die römischen Petrustraditionen im Lichte der neuen Ausgrabungen unter der Peterskirche
*in Vorbereitung*

**HEFT 25**
*Prof. Dr. Hans Peters, Köln*
Die Gewaltentrennung in moderner Sicht
*1955, 48 Seiten, kartoniert, DM 3,10*

**HEFT 26**
*Prof. Dr. Fritz Schalk, Köln*
Calderon und die Mythologie
*in Vorbereitung*

**HEFT 27**
*Prof. Dr. Josef Kroll, Köln*
Vom Leben geflügelter Worte
*in Vorbereitung*

WESTDEUTSCHER VERLAG · KÖLN UND OPLADEN

**HEFT 28**
*Prof. Dr. Thomas Ohm, Münster*
Die Religionen in Asien
*1954, 50 Seiten, 4 Abb., kartoniert, DM 7,—*

**HEFT 29**
*Prof. Dr. Johann Leo Weisgerber, Bonn*
Die Ordnung der Sprache im persönlichen und öffentlichen Leben
*1955, 64 Seiten, kartoniert, DM 3,50*

**HEFT 30**
*Prof. Dr. Werner Caskel, Köln*
Entdeckungen in Arabien
*1954, 44 Seiten, kartoniert, DM 3,20*

**HEFT 31**
*Prof. Dr. Max Braubach, Bonn*
Entstehung und Entwicklung der landesgeschichtlichen Bestrebungen und historischen Vereine im Rheinland
*1955, 32 Seiten, kartoniert, DM 2.20*

**HEFT 32**
*Prof. Dr. Fritz Schalk, Köln*
Somnium und verwandte Wörter in den romanischen Sprachen
*1955, 48 Seiten, 3 Abb., kartoniert, DM 3,60*

**HEFT 33**
*Prof. Dr. Friedrich Dessauer, Frankfurt a. M.*
Erbe und Zukunft des Abendlandes
*in Vorbereitung*

**HEFT 34**
*Prof. Dr. Thomas Ohm, Münster*
Ruhe und Frömmigkeit
*1955, 128 Seiten, 30 Abb., kartoniert, DM 10,70*

**HEFT 35**
*Prof. Dr. Hermann Conrad, Bonn*
Die mittelalterliche Besiedlung des deutschen Ostens und das Deutsche Recht
*1955, 40 Seiten, kartoniert, DM 2,80*

**HEFT 36**
*Prof. Dr. Hans Sckommodau, Köln*
Die religiösen Dichtungen Margaretes von Navarra
*1955, 172 Seiten, kartoniert, DM 9,60*

**HEFT 37**
*Prof. Dr. Herbert von Einem, Bonn*
Der Mainzer Kopf mit der Binde
*1955, 88 Seiten, 40 Abb., kartoniert, DM 9,20*

**HEFT 38**
*Prof. Dr. Joseph Höffner, Münster*
Statik und Dynamik in der scholastischen Wirtschaftsethik
*1955, 48 Seiten, kartoniert, DM 2,85*

**HEFT 39**
*Prof. Dr. Fritz Schalk, Köln*
Diderots Essai über Claudius und Nero
*in Vorbereitung*

**HEFT 40**
*Prof. Dr. Gerhard Kegel, Köln*
Probleme des internationalen Enteignungs- und Währungsrechts
*in Vorbereitung*

**HEFT 41**
*Prof. Dr. Johann Leo Weisgerber, Bonn*
Die Grenzen der Schrift — Der Kern der Rechtschreibreform
*1955, 72 Seiten, kartoniert, DM 4,80*

**HEFT 42**
*Prof. Dr. Richard Alewyn, Köln*
Von der Empfindsamkeit zur Romantik
*in Vorbereitung*

**HEFT 43**
*Prof. Dr. Theodor Schieder, Köln*
Die Probleme des Rapallo-Vertrages 1922
*in Vorbereitung*

**HEFT 44**
*Prof. Dr. Andreas Rumpf, Köln*
Stilphasen der spätantiken Kunst
*in Vorbereitung*

**HEFT 45**
*Dr. Ulrich Luck, Münster*
Kerygma und Tradition in der Hermeneutik Adolf Schlatters
*1955, 136 Seiten, kartoniert, DM 9,—*

**HEFT 46**
*Prof. Dr. Walther Holtzmann, Rom*
Das Deutsche Historische Institut in Rom
*Prof. Dr. Graf Wolff Metternich, Rom*
Die Bibliotheca Hertziana und der Palazzo Zuccari
*1955, 68 Seiten, 7 Abb., kartoniert, DM 5,—*

**JAHRESFEIER 1955**
*Prof. Dr. Josef Pieper, Münster*
Über den Philosophie-Begriff Platons
*Prof. Dr. Walter Weizel, Bonn*
Die Mathematik und die physikalische Realität
*1955, 62 Seiten, kartoniert, DM 4,40*

**HEFT 47**
*Prof. Dr. Harry Westermann, Münster*
Person und Persönlichkeit im Zivilrecht
*in Vorbereitung*

**HEFT 48**
*Prof. Dr. Johann Leo Weisgerber, Bonn*
Die Namen der Ubier
*in Vorbereitung*

**HEFT 49**
*Prof. Dr. Friedrich Karl Schumann, Münster*
Mythos und Technik
*in Vorbereitung*

**HEFT 51**
*Prälat Prof. Dr. Dr. h. c. Georg Schreiber, Münster*
Der Bergbau in Geschichte, Ethos und Sakralkultur
*in Vorbereitung*

**HEFT 52**
*Prof. Dr. Hans J. Wolff, Münster*
Die Rechtsgestalt der Universität
*in Vorbereitung*

**HEFT 53**
*Prof. Dr. Heinrich Vogt, Bonn*
Schadenersatzprobleme im Verhältnis von Haftungsgrund und Schaden
*in Vorbereitung*

**HEFT 54**
*Prof. Dr. Max Braubach, Bonn*
Der Einmarsch der deutschen Truppen in die entmilitarisierte Zone am Rhein im März 1936. Ein Beitrag zur Vorgeschichte des zweiten Weltkrieges
*in Vorbereitung*

**HEFT 55**
*Prof. Dr. Herbert von Einem, Bonn*
Die Menschwerdung Christi des Isenheimer Altars
*in Vorbereitung*

**HEFT 56**
*Prof. Dr. E. J. Cohn, London*
Der englische Gerichtstag
*in Vorbereitung*

---

WESTDEUTSCHER VERLAG · KÖLN UND OPLADEN

If you have any concerns about our products,
you can contact us on
**ProductSafety@springernature.com**

In case Publisher is established outside the EU,
the EU authorized representative is:
**Springer Nature Customer Service Center GmbH
Europaplatz 3, 69115 Heidelberg, Germany**

Printed by Libri Plureos GmbH
in Hamburg, Germany